日本航空史一〇〇選シリーズ 1

100 Key Chapters in Japanese Aviation: Volume 1

目次 contents

text
野原 茂 Shigeru Nohara
押尾一彦 Kazuhiko Osuo

illustrations
野原 茂 Shigeru Nohara

english text
スコット・ハーズ Scott T.Hards

art direction
関口八重子 Yaeco Sekiguchi

dtp
渡辺幹男 Mikio Watanabe

日本航空史100選シリーズ 1
発行日　2004年9月25日　初版　第1版

発行人　小川光二
発行所　株式会社大日本絵画
〒101-0054 東京都千代田区神田錦町1-7
TEL.03-3294-7861（代表） http://www.kaiga.co.jp

編集　株式会社アートボックス
印刷／製本　大日本印刷株式会社

第1章 名機零戦かくて誕生す

霊峰富士を背景に快翔する零戦一一型。名機と名山の組み合わせが絶妙な、数多い零戦写真中でも五指に入る傑作。
A gorgeous beauty shot of a Zero Model 11 passing near Mt. Fuji.

◎過酷な要求

発注主である日本海軍の予想を越える高性能機、かつ日本の軍用機開発史上においても、エポックメイキングな機体となった九六式艦上戦闘機が、苦難の「発動機行脚」の末に、ようやく実用化の目処がついた昭和12（1937）年5月、海軍は、早くも同機の後継機となるべき機体として、**『十二試艦上戦闘機計画要求書案』**なる冊子を、メーカーの三菱重工、および中島飛行機に配布した。

その要求されたスペックの内容は、三菱、中島両設計スタッフを驚かせるのに充分で、九六式艦戦をはるかにしのぐ速度、航続性能を備えつつ、空戦性能は同機に劣らず、そのうえ、海軍戦闘機としては前例のない、20mm機銃を搭載することという、常識を越えるものであった。

海軍が十二試艦戦に、ある意味、非現実的といえるほど破格の高性能を求めた背景をたどっていくと、とどのつまり、仮想敵であるアメリカの圧倒的軍事力に対し、少数精鋭の兵力で抗しようという思想の表れであった。これは、戦艦『大和』型建造とも相通ずるものといえる。

九六式艦戦の生みの親である、三菱の堀越二郎技師を主務者とする設計スタッフは、このころ、十一試艦上爆撃機の開発に取り組んでいたが、社内検討の末、同機の作業は中止し、十二試艦戦のほうを優先させることにした。

この間に海軍、というよりも、日本そのものの運命を左右する「大事」が発生し、十二試艦戦の開発は、にわかに急を要することになる。いうまでもない、日中戦争（当時の呼称は「支那事変」）の勃発（7月7日）である。

海軍は、先の計画要求書案よりも、さらに詳細なる事項を追加したうえで、昭和12年10月5日、航空本部より三菱、中島両社に対し、**『十二試艦上戦闘機計画要求書』**として交付し、正式に試作発注した。その内容骨子は以下のとおりである。

一、用途
援護戦闘機トシテ敵ノ軽戦闘機ヨリモ優秀ナル空戦性能ヲ備ヘ、迎撃戦闘機トシテ敵ノ攻撃機ヲ捕捉撃滅シ得ルモノ

二、最大速度
高度四〇〇〇米ニテ二七〇節（500km/h）以上

三、上昇力
高度三〇〇〇米迄三分三〇秒以内

四、航続力
正規状態
高度三〇〇〇米、公称馬力デ、一・五時間
過荷重状態
高度三〇〇〇米、公称馬力デ、一・五時間乃至二・〇時間、巡航ニテ六時間以上

五、離陸滑走距離
風速一二米／秒ノトキ七〇米以下

六、着陸速度
五八節（107km/h）以下

七、滑空降下率
三・五米／秒乃至四・〇米／秒

八、空戦性能
九六式二号艦上戦闘機一型ニ劣ラザルコト

九、機銃
二〇ミリ機銃二挺
七・七ミリ機銃二挺

十、爆弾（過荷重）
六〇瓩爆弾二個、又ハ三〇瓩爆弾二個

十一、無線機
九六式空一号無線電話機一組
ク式無線帰投方位測定器一組

十二、其他ノ艤装
酸素吸入装置
消化装置
夜間照明装置
一般計器

十三、強度

1.零戦の設計主務者、堀越二郎技師。昭和12年の設計着手時点で34才。三菱重工に入社してからちょうど10年目の、若きエリート・エンジニアであった。

1. Jiro Horikoshi, the chief designer of the Zero.

2.堀越技師の戦闘機設計に対する基本コンセプトを、初めて明解に、かつ成功たらしめた九六式艦戦。零戦の設計理念も本機の延長上にあった。

2. One of Horikoshi's masterpieces: The Type 96 Carrier Fighter. The basic design philosophy of this aircraft is carried on by the Zero.

A状態（急引起シノ後期）
　荷重倍数七・〇　安全率、一・八
B状態（急引起シノ初期）
　荷重倍数七・〇　安全率、一・八
C状態（急降下制限速度ニテ）
　荷重倍数二・〇　安全率、一・八
D状態（背面飛行ヨリノ引起シ）
　荷重倍数三・五　安全率、一・八

各スペックのうち、速度については、すでにイギリスのハリケーン、スピットファイアの両戦闘機が、500㎞/hを越えており、翌年に初飛行することになるアメリカ陸軍のXP-39、XP-40も同様だったので、とくに高速という値ではない。

しかし、これらはいずれも制約に縛られない陸上戦闘機であり、艦上戦闘機という枠内でみると、それなりに高レベルだった。なんとなれば、仮想敵のアメリカ海軍では、この時点ではまだ複葉のグラマンF3Fが主力機に君臨していたし、イギリス海軍に至っては、まともな全金属製単葉単座戦闘機の開発さえ存在しなかったのだから、日本海軍の、艦上戦闘機に対する意識は、きわめて高度だったと断言できる。

それを、もっとも顕著な数値で示しているのが、巡航速度にて6時間以上という、当時の単発単座戦闘機の常識を超えた大航続力である。当時はアメリカ海軍のF2A、F4Fクラスで、大体3時間前後が限界だったことを考えれば、その「破格」ぶりが察っせられよう。

日本海軍が、九六式艦戦当時にはなかった大航続力を、なぜ十二試艦戦に求めたのかは、スペック「一」にあるとおり、援護戦闘機としての任務を重要視したためである。

すでに計画要求書案作成の時点で、九六式艦戦以上の航続力を求めていたが、日中戦争勃発直後に露呈した、九六式陸攻の防御力の弱さをみて、十二試艦戦には同機に随伴できる航続力が不可欠となったのである。スペック「十一」のク式無線帰投方位測定器（アメリカのクルシー社製品を輸入したもの）装備は、この大航続力に沿った要求である。

具体的な数値で表すことができないので、目立たないが、スペック「八」の空戦性能も、十二試艦戦のむずかしさを象徴する項目である。

九六式艦戦に比較して、より大きくて重い発動機を搭載し、燃料も多く積み、なおかつ二〇㎜機銃、ク式無線帰投方位測定器など、従来までなかった新装備を収めるとなれば、当然、機体は大型化し、重量も増加する。

大きく重い機体は、小さく軽い機体に比べ、運動性能が低下するのは物理的にみても当然であり、それを敢えて、「九六式二号艦戦一型に劣らぬ」空戦性能を十二試艦戦に求めたところに、日本海軍の偏執した戦闘機観がでている。

これらの要求スペックをみただけでも、十二試艦戦が容易ならざる機体であることは明白であり、堀越技師は翌13（1938）年1月、横須賀の海軍航空廠で行われた官民合同研究会の席上で、「現在の技術では、とうてい要求性能のすべてを満たすことは不可能であり、速度、航続力、空戦性能の主要項目のうち、どれかひとつでもよいから引き下げてもらえないか」と、具申した。

しかし、激化するいっぽうの日中戦争のこともあって海軍側は一歩も譲歩せず、堀越技師らは、ともかく少しでも要求値に近い機体をつくるしかない、という悲壮な覚悟で設計作業に没頭した。いっぽうの中島は、到底実現困難と判断して競争試作を辞退してしまい、十二試艦戦は三菱の単独試作となった。

◎苦心の設計

十二試艦戦に限らず、新型機の設計作業の第一歩は、搭載する発動機の選定からはじまる。とりわけ、発動機の善し悪しが、即、機体の成否に直結する戦闘機は、慎重に見極めねばならない。

要求される性能の高さから、十二試艦戦には1,000hp級の発動機が望ましく、当時、実用可能な発動機としては、自社製の『瑞星』一三型（875hp）と『金星』四型（1,075hp）があった（ともに空冷星型複列14気筒の発動機）。

馬力の面からは『金星』が適当だったが、当然、それに見合って、サイズ、重量、および燃料消費量も『瑞星』より大きかった。堀越技師の概算では、『金星』搭載の場合の総重量は、約3,000kgになると見積もられ、これは九六式二号艦戦の1,600kgの2倍近くになる。

機体も相応に大きくなることから、空戦性能もさることながら、九六式艦戦に馴れた海軍搭乗員にとって、一足飛びに大型化した機体は、とうてい受け入れてもらえぬ、という危惧があり、選択するにはためらいがあった。

『瑞星』は、馬力の面で不満はあるが、概算にて総重量2,300kg程度に収められるし、機体もむやみに大きくはならないことが見込まれた。

これらを考慮したうえで、堀越技師は十二試艦戦には『瑞星』を用いることに決め、上司の服部課長の裁可をもらい、機体設計に進んだ。

後年、零戦が相次ぐ改修によって、総体的な性能の低下をきたし、発動機を『栄』から『金星』六二型（1,500hp）に換装せざるを得なくなったのを思えば、この時の判断が悔やまれると、堀越技師自身も戦後になって述懐しているが、これは結果論であって、昭和12～13年ごろの状況からすれば止むを得ない。

■十二試艦戦搭載発動機候補　Engine candidates for the 12-shi Carrier Fighter.

正面
Front view

三菱『瑞星』一三型
(875hp)
Mitsubishi "Zuisei" Model 13
(875hp)

左側面
Left side view

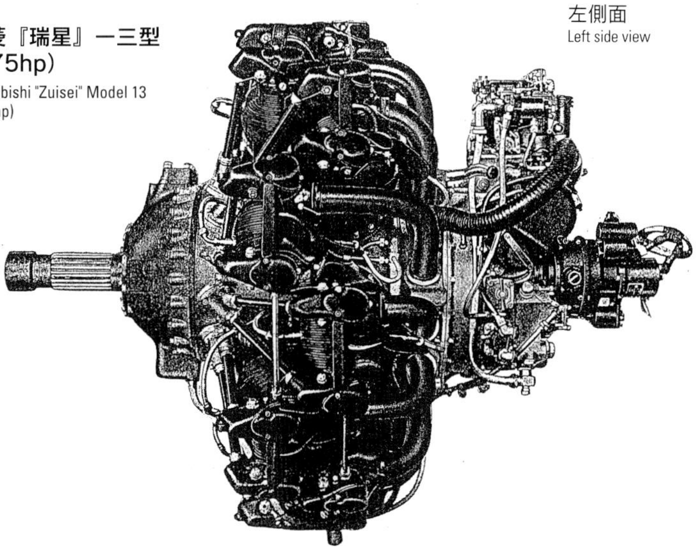

正面
Front view

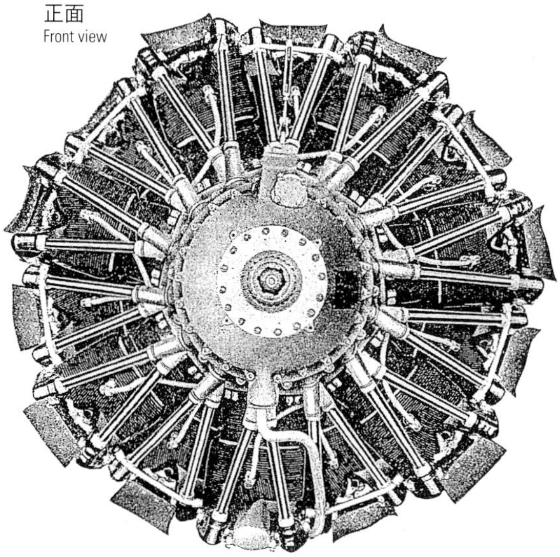

三菱『金星』四型
(1,075hp)
Mitsubishi "Kinsei" Model 4
(1,075hp)

左側面
Left side view

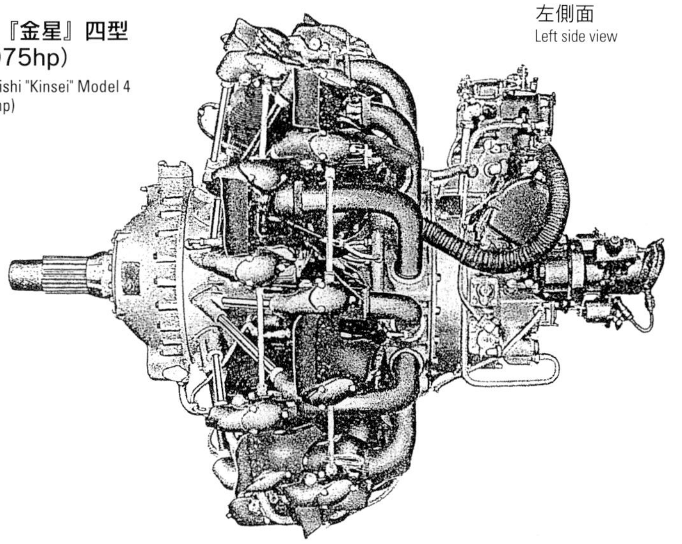

発動機が決まると、次は機体の大まかな外形をデザインする。九六式艦戦のそれも、当時としてはかなり洗練されたものだったが、堀越技師の頭には、すでに、さらなる進歩したイメージが湧いていたと言い、胴体は、尾端が点となって集束する細長いスマートなラインにまとめ、これに、直線テーパーの主、尾翼を組み合わせるというコンセプトで決まった。

もっとも、こうした外形は単なる思いつきで決める訳ではなく、それなりの理由ずけがある。当時の概念からすれば、やや長い胴体は、左右の主翼内に備える20mm機銃発射の反動の大きさに対処し、モーメントアームを長くして方向安定性を高め、命中率を向上させるためであった。

胴体以上に、むずかしいのが主翼で、速度性能の面からは面積が小さくて、厚みも薄いほうがよいに決まっている。しかし、常識を越える大航続力を実現するには、多量の燃料を必要とし、そのタンクをはじめ、引込式主脚、20mm機銃の収納スペースを確保しなければならず、一定の翼厚は必要とする。

さらに、十二試艦戦は空戦性能も九六式二号艦戦に劣らぬことが絶対条件とされていた。空戦性能の善し悪しは、翼面荷重（全備重量を翼面積で割った値）の大小によってほぼ決まる。九六式艦戦のそれは100kg/m²だったので、十二試艦戦もほぼそれに近い105kg/m²以内に設定した。

全備重量は、2,300kgと概算していたので、それを逆算すれば、必要な主翼面積は22m²となり、全幅12mのアスペクト比の大きい形となったわけだ。ちなみに、この翼型（断面形状）は、三菱118番と称したもので、十二試陸上攻撃機（のちの一式陸攻）も採用している。

零戦の主翼が、正面から見ると意外に厚く、スマートではあるが、大きな面積を持ち、速度性能面からは、敢えて適さないものになったのは、このような理由があったのだ。

この、やや厚めで面積の大きい主翼の不利な面を、ただ漫然と受け入れていたのでは、相応の凡作になってしまうので、堀越技師は、それを補うプラス要素として、外形の空気力学的な洗練、そして構造重量の徹底的な軽量化を貫くことにした。

空気力学上の洗練が、素人の目にもよく分かる形で表れているのは、完全密閉式の水滴状風防であろう。これは、あとから見れば何でもないようなことだが、日本海軍戦闘機としては、英断ともいうべきものだった。

というのも、複葉機時代からの開放式に馴れた搭乗員にとって、視界を制限される密閉式風防は容易に受け入れられず、九六式艦戦も、二号二型で密閉式風防を採用したが、搭乗員たちの不評を買い、四号型では再び開放式に戻した苦いいきさつがある。

九六式二号二型艦戦の密閉式風防は、上方がそのまま胴体後部背面ラインとつながる形の、いわゆるファストバック・タイプだったことで視界がいっそう悪くなったという反省から、十二試艦戦のそれは、胴体より上方に大きく突出させ、前後に長く覆う水滴状にすることで、搭乗員からの拒否反応を防いだのである。もっとも、この最終形態に落ち着くまでには、右図のごとく試行錯誤もあったようで、風洞試験用模型の変遷がそれを物語っている。

九六式艦戦では、敢えて旧態然とした固定式主脚にしたが、さすがに500km/h以上の速度を目指す十二試艦戦では、そうもいかず、海軍がアメリカから研究用に購入した、ヴォートV-143単発戦闘機をはじめ、内外各機種のそれを参考にしつつ、油圧で出し入れ操作する引込式主脚とした。

九六式艦戦よりも大型で重い十二試艦戦に、同等の運動性能を持たせるということは、機体を可能な限り軽く仕上げなければならない。

堀越技師が、本機の内部設計面でもっとも腐心したのが、この重量軽減問題である。概算では、一応、全備重量を2,300kgと想定していたが、軍用機設計の常として、実際に機体が完成してみると、計画重量を大幅に越えてしまうのが普通である。十二試艦戦にはそれは許されない。

その結果、堀越技師が採った方策は、全備重量の10万分の1、すなわち、わずか23gの単位で重量管理するという、徹底した軽量化だった。

前部胴体と主翼を造り付けにして、重量のかさむ結合金具を軽減し、胴体の隔壁（フレーム）や、主、尾翼の小骨（リブ）などに開孔された無数の「肉抜き孔」などが、そうした重量軽減策の涙ぐましい「痕跡」だが、堀越技師にとって僥倖ともいえたのは、ちょうどタイミングよく、このころにアルミ合金製造メーカーの住友金属工業㈱において、従来の超ジュラルミン材料に比べ、30％～40％も抗張力に優れる、超々ジュラルミン（ESD）の開発に成功していたことだった。

このESD材を、もっとも強度負荷のかかる主翼主桁に、押し出し型材として使用したことに

■十二試艦戦の風防まわり設計案　Canopy-area design proposal for the 12-shi Carrier Fighter.

開放式風防
Open-style canopy

密閉風防ファストバック型
Fastback-style closed canopy

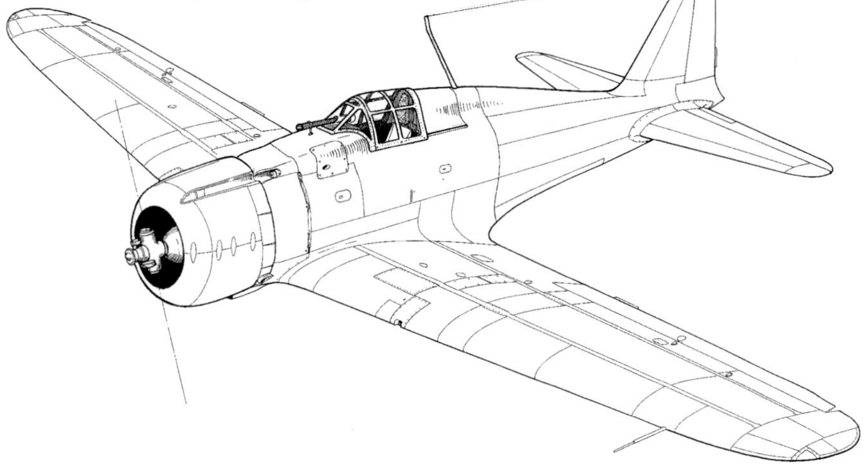

密閉風防水滴型
Teardrop-style closed canopy

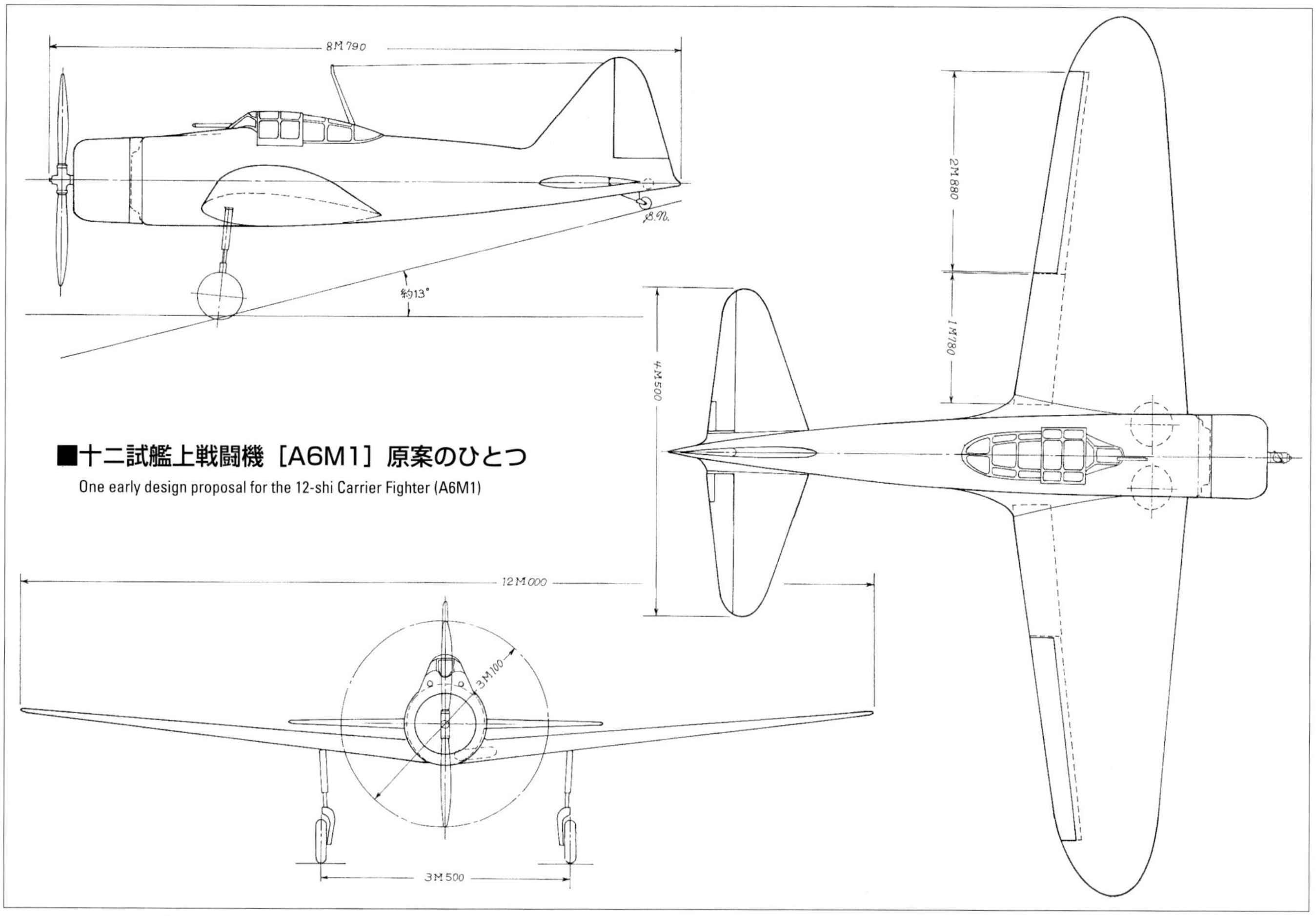

■十二試艦上戦闘機［A6M1］原案のひとつ

One early design proposal for the 12-shi Carrier Fighter (A6M1)

よって大幅な重量軽減が図れたのである。

また、構造材料の軽量化に絡んだもうひとつの策として堀越技師が考えたのは、それまでの『飛行機計画要領書』なる法規により、一律に1.8と定められていた安全率（何回受けてもよい最大の力、の1.8倍以下では破壊してはならないこと、すなわち強度的な余裕のこと）を部材により1.6程度に引き下げたこと。

これによって、具体的にどの程度の重量軽減につながったのかは、計算できなかったらしいが、それなりに効果はあったはずである。

ちなみに、こうした苦心の設計に係わった、堀越技師以下の十二試艦戦設計チームは、同技師の右腕ともいわれた曽根嘉年技師（計算、構造設計担当）、井上伝一郎技師（動力艤装担当）、畠中福泉技師（兵装艤装担当）、加藤定彦技師（降着装置担当）の各班長の下に、それぞれ2～8名の部下をあわせて計28名であった。年齢も堀越技師（34才）以下3人の各班長が30代で、ほかは20代と10代、最年少は16才、平均年令24才という若さであった。現代からすれば信じられない少人数、若年代である。このような、ひと握りの若いチームが、のちに国運も託すような名機を生んだのである。

寸暇も惜しんでの作業により、設計図が機体組み立て担当の工作部に出図を始めた昭和13年4月、横須賀の海軍航空廠において、官民合同の『十二試艦戦計画説明審議会』が開かれた。

この会合は、海軍試作機の試験を担当する航空廠飛行実験部（基礎的な調査、実験）、および横須賀海軍航空隊（実用試験）の幹部と、設計側とが中間的な意見交換をし、新型機の方向性を確かなものにするための会合だった。

席上、堀越技師は、現状において十二試艦戦の性能は、きわめて高度な要求ゆえに、最初からこれを満たすことは不可能である。よって、海軍側は速度、航続力、格闘（空戦）能力の優先順位をどのように位置づけているかを知りたいと具申した。

すると横須賀空の源田実少佐が、日中戦争における九六式艦戦の戦いぶりを理由に、格闘能力を最優先すべきであると答弁した。しかし、これに対し、航空廠の柴田武雄少佐が異議を唱え、格闘力は搭乗員の技量によってカバーできるが、速度、航続力はそうはいかぬ。陸攻隊の援護、逃走する敵機の捕捉などといった見地からも、格闘力は犠牲にしても速度、航続力を優先すべきだと反論した。

結局、両者の論争を取捨できるだけの技術論をもつ者がおらず、結論はでないまま閉会したのだが、堀越技師にしてみれば、以前にも増して、要求性能に少しでも近い機体を完成させなければならないという、責任の重さを再認識する場となった。

この計画説明審議会のすぐあと、4月下旬に第一回の実大模型審査（実機と原寸大の木型を製作して、官側から問題点がある箇所の修正、指摘をうける）が行われた。

堀越技師の予想どおり、官側の第一声は「大きいなぁ」であったが、「でも格好のよい飛行機ではないか」の声も上がり、極く細かい箇所の修正、指摘を受けたのみで、審査は滞りなく終わった。

秋に入ると試作１号機も形を成し、作業は順調にすすんだが、このころ、堀越技師らにとっては、いっとき気分を憂うつにさせる事態も起こっている。

それは、中国大陸で活躍する実施部隊、第12航空隊が、戦訓に基づく所見として、20㎜機銃は戦闘機兵装として「百害あって一利なし」と断じ、往復3時間、空中戦30分が搭乗員の体力面から航続力の限界とし、それ以上は活用が困

3

3.名古屋市港区大江町に所在した、三菱重工㈱名古屋航空機製作所の試作工場内にて組み立て中の、十二試艦戦1号機の前部胴体。画面左が前方向で、中央付近の、大小の「軽め穴」の開いた隔壁（フレーム）が、操縦室と後方の区切りになる第5番隔壁。その上方には、転覆時の搭乗員保護支柱（ロール・バー）がすでに取り付け済み。周囲の木枠と「L」字型断面の支持材が、組み立て用治具。

3. The forward fuselage of "12-shi Carrier Fighter #1" under assembly in the prototype plant of Mitsubishi Heavy Industries Nagoya facility.

4

5

4.同じく、組み立て中の1号機の主翼。左、右が一体造りになっていて、2本の主桁と小骨（リブ）の配置が一目瞭然である。上方向が前縁になり、それに沿って幅広い治具が当ててある。もっとも強度的な負荷がかかる主桁に、超々ジュラルミン（ESD）材を使用できたことが、本機の軽量化、ひいては高性能実現につながった。

5.主翼本体とは別に組み立てられる、内翼後縁部。画面上が後縁になり、三角形の小さな補助小骨の下側（画面では向こう側）に、スプリット式（開き下げ式）フラップが付く。補助小骨にまで、小さな「軽め穴」が開いており、堀越技師の徹底した軽量化姿勢が汲み取れる

4. The wings of the same plane. The left and right wings are a single assembly. The two main spars and rib structure are shown very well.

5. The trailing edge assemblies being built separately from the main wing. The "lighteneing holes" in even the smallest ribs show the lengths to which Horikoshi went to keep weight down.

6.外鈑も張り終わった、十二試艦戦1号機の前部胴体と主翼本体の結合作業。ジュラルミン地肌のままの外鈑と、防錆用塗料（通称"青竹色"と呼ばれた）を塗られ、黒っぽく光る内部構造材が対照的。胴体前端近くの上方に開いた方形孔は、機銃点検扉が付くところ。

7.上写真と同じ場面を右後方から撮ったショット。前部胴体の後端は、主翼付根フィレットに合わせて、外側に三角形状に付き出すことが分かる。こうして結合された前部胴体と主翼は、損傷修理や輸送などの際にも着脱は不可能となる。

6

7

6. The wings and forward fuselage of 12-shi #1 being mated. Note the contrast between the natural metal outer skin (duralumin) and the inner surfaces, which have been coated with a primer/sealer (called "aotake" color, i.e. "blue bamboo").

7. The same scene from a rear angle. Note how the wing root fillets are built into the fuselage itself.

8. The wings now attached, the rear fuselage is connected. Note the seat in the left foreground, waiting its turn for assembly.

8

8.主翼が結合された前部胴体に、後部胴体を結合するシーン。前、後胴体の結合部は第7番隔壁部で、計87本のボルトによって結合される。ここは着脱可能である。画面左端は、後部胴体と一体造りの垂直安定板。その手前に、操縦室への取付けを待つ、座席が置いてあることに注目。軽め孔の開け具合が、2号機のそれと異なっているのも興味深い。

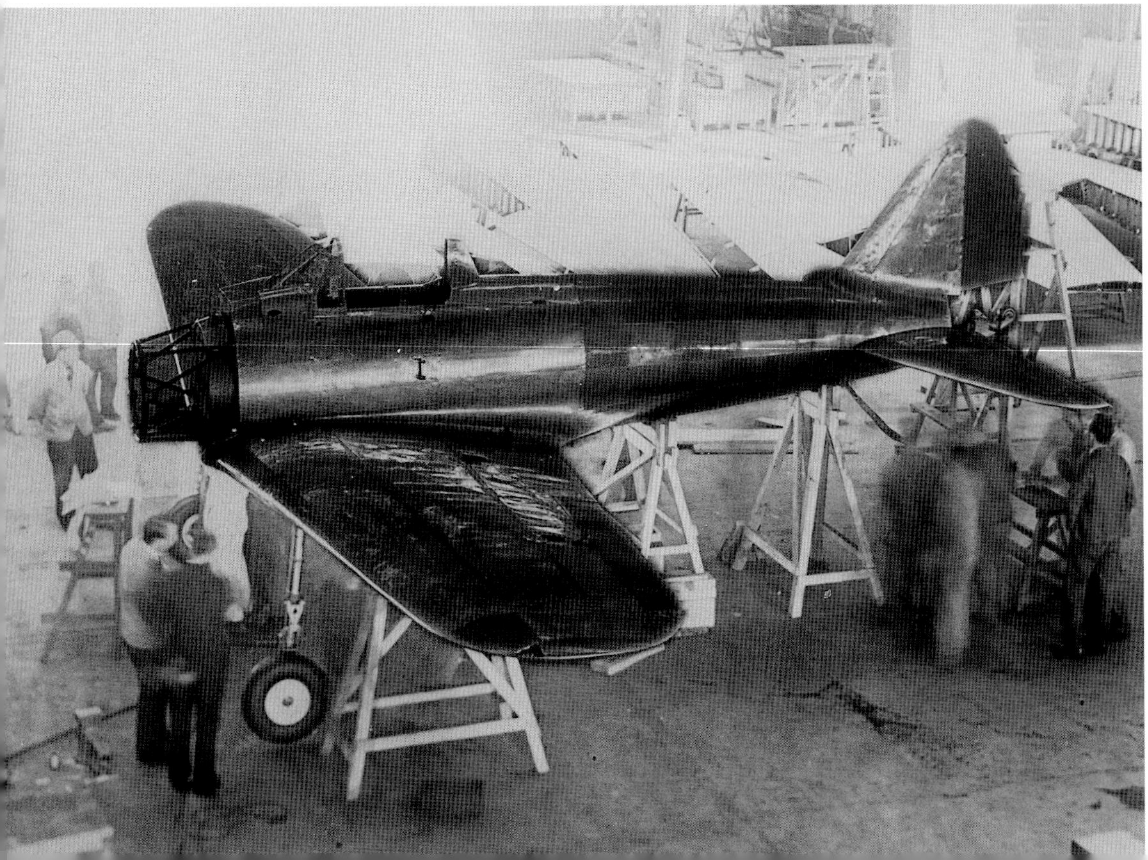

9. December 24, 1938. With the first physical inspection of the new plane just two days away, the prototype undergoes final assembly and checks. The second prototype can be seen in the background.

10. The first prototype from another angle. The man in the suit under the tail is Horikoshi.

11. The first prototype seen from dead ahead. Note how the centerline of the leading edge moves lower on the wing the closer one gets to the wing tips. This design trait was responsible for much of the Zero's outstanding flight characteristics.

12. An overview of the interior of the plant taken about the time of the assembly of the first prototype. In the background one can make out the "#0" prototype, which was submitted first to the navy for vibration and strength tests.

9

11

12

9.昭和13年12月24日、第一次実物構造審査を2日後に控え、試作工場内で機体の組み立てが完成に近づいた1号機。発動機、風防、主脚覆などはまだ装着されていないが、零戦の原形を偲ぶには充分な状態であろう。胴体先端から突き出した黒い枠組みが、クロームモリブデン鋼管製の発動機取付架で、円形部分にボルト結合される。この取付架の内側に見えるのが潤滑油タンクだが、のちの量産型のそれとはアレンジが少し異なっている。画面右奥は、1号機につづいて組み立て中の試作2号機。

10.写真（9）と同じときに、別アングルから撮ったショット。第3号機以降とは異なる、垂直尾翼の形状、水平尾翼取付位置がはっきりと分かる。胴体尾端の整形覆はまだ取り付けられておらず、収納状態の尾脚がみてとれる。水平尾翼下の背広姿の人物が、設計主務者の堀越技師。

11.写真（9）（10）と同じ1号機を、正面方向より見る。翼端に向かって、前縁中心線が下方に垂れている、いわゆる「ねじり下げ」の状態が一目瞭然であり、資料的にも得難い貴重な一葉である。この設計工夫は、すでに前作の九六式艦戦で導入済みであったが、零戦の類稀な空戦性能と、大迎え角姿勢での安定感は、このねじり下げ翼によるところ大であった。

12.十二試艦戦1号機の組み立てが行われていたころの、試作工場内部。日本最大手の航空機メーカーだけに、建物の造りも立派であるが、量産工場ではないせいか、床面積はあまり大きくない。周囲の枠組みは総組立治具類。奥では、1、2号機に先立って海軍に納入される、振動、強度試験用の0号機（純粋に機体のみで、発動機、内部艤装は取り付けない）、いわゆる「共試体」の組み立て中である。

難である、と十二試艦戦に批判的な意見をしてきたことだ。

この意見は航空本部内にも動揺をもたらし、堀越技師に対し、機体を小型化し、20㎜機銃を装備せず、航続力も控えめにした「軽戦闘機」の性能を概算してみよ、との依頼が出された。しかし、この程度の戦闘機は、堀越技師ならずとも、当座はともかく、将来性がないことは明白であり、海軍航空本部も、十二試艦戦に変更を加えることはせず、「軽戦闘機騒動」はいつしか立ち消えになった。

その後、年も押し詰まった昭和13年12月26日～28日にかけて、機体各部の組み立てが完成した、試作1号機の第一次実物構造審査と、翌14（1939）年2月24～25日に行われた第二次実物構造審査が滞りなく行われ、これを好成績で

13

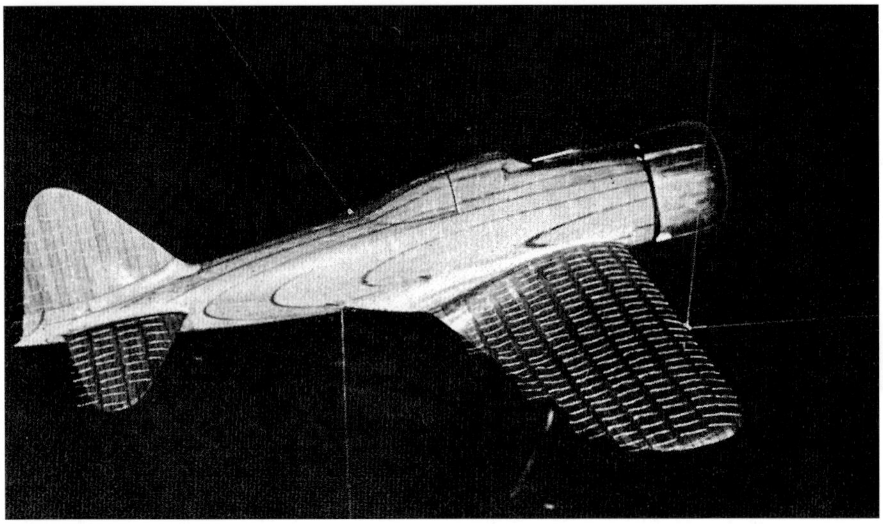

14

13.試作1号機の製作に先がけ、あるいはそれと平行して行われた、縮尺1/8のソリッドモデルを使った風洞実験の様子。各方向から鋼線でモデルを固定し、画面右奥のトンネル状の部分から人工的に風を送って当て、空力的な是非を確認する。そのため、モデルは実機に忠実に、非常に精緻に作られているのがわかる。

14.風洞実験用ソリッドモデルの別アングル・ショット。現代ならばFRPなどを使って容易につくれるのだが、当時は、このくらいの大型模型ともなると、木材を切り出してつくるしか方法がなかった。胴体は、その木目からしてムク材からの削り出し、主、尾翼は何枚かの板材を張り合わせたものから削り出していることがわかる。主、尾翼表面に貼られた細かい毛糸が、風を受けてどのようになびくかで、表面の気流の状態を確認する。

13. Wind-tunnel testing using a 1/8 model.

14. Another view of the reduced-scale test model.

15, 16. The MItsubishi diagrams for the 12-shi prototype #1 (above) and #3 and #6 (below). While there are some differences due to differing engines, the measurements for the #0 fuselage section and propeller centerline, as well as the cowl shape and size are nearly identical. The biggest distinction between #1 prototype and #3/#6 is the addition of the carburetor and oil cooler air intakes under the nose. The lengthening of the rear fuselage beginning with #3 is also quite clear from a comparison of these two charts.

パスした。

なお、この間、航空廠において行われた縮尺模型を使った錐揉風洞試験の結果、水平錐揉に陥りやすい欠点が指摘されたため、試作1、2号機は、応急的に胴体後端下面にヒレを追加してしのぎ、3号機以降で尾翼全体を改修することが決められた。

◎試作1号機飛ぶ

堀越技師以下、設計チームの寸暇も惜しむような作業の甲斐あって、十二試艦戦試作1号機は、昭和14年3月16日、名古屋市港区大江町の三菱重工名古屋航空機製作所内で完成した。計画要求書公布から1年5ヵ月余、作業の困難さを思えば、意外に早い完成といえた。

社内で行われた重量検査では、計画した自重(燃料、兵装などを搭載しない、純粋な機体重量)より、32kg超過の1,565.9kgと出たが、この中には、海軍の官給品である発動機関連などの55kgが含まれており、設計側の責任である機体に関しては超過分はほとんどないことがわかり、堀越技師らを安堵させた。こんなことは滅多にないことであり、いかに重量管理が厳格に行われたかの証明でもあった。この瞬間、堀越技師は十二艦戦の成功を確信したという。

細かな残工事と地上運転を1週間ほど行ったのち、3月23日夜、1号機は、いったん分解・梱包されて牛車に載せられ、約40kmも離れた初飛行地の、岐阜県・各務原飛行場に搬送された。

なぜこんな面倒なことを？　と思われようが、当時は三菱に限らず、航空機メーカーが自前の飛行場を持っている例は少なかった。ならばトラック便があるではないかと言われそうだが、当時の日本は、舗装された道路など市街地区だけに限られ、悪路をトラックで運べば、大切な機体を痛めてしまう恐れがあった。時間帯を夜間の出発としたのは機密保持上の理由からである。ともあれ、最新鋭戦闘機を、まる一昼夜もかけて、牛車でノロノロと飛行場まで搬送しなければならない現実は、当時の日本が内包していた、諸々の矛盾そのものだった。

各務原に到着した1号機は、三菱の専用格納庫内で再び組み立てられ、地上運転を含め、初飛行に備えるための最終点検を受けた。

そして、8日目の4月1日夕刻、全体を鈍く光る灰緑色に塗った十二試艦戦試作1号機は、三菱のテスト・パイロット志摩勝三操縦士の手により、無事に初飛行した。

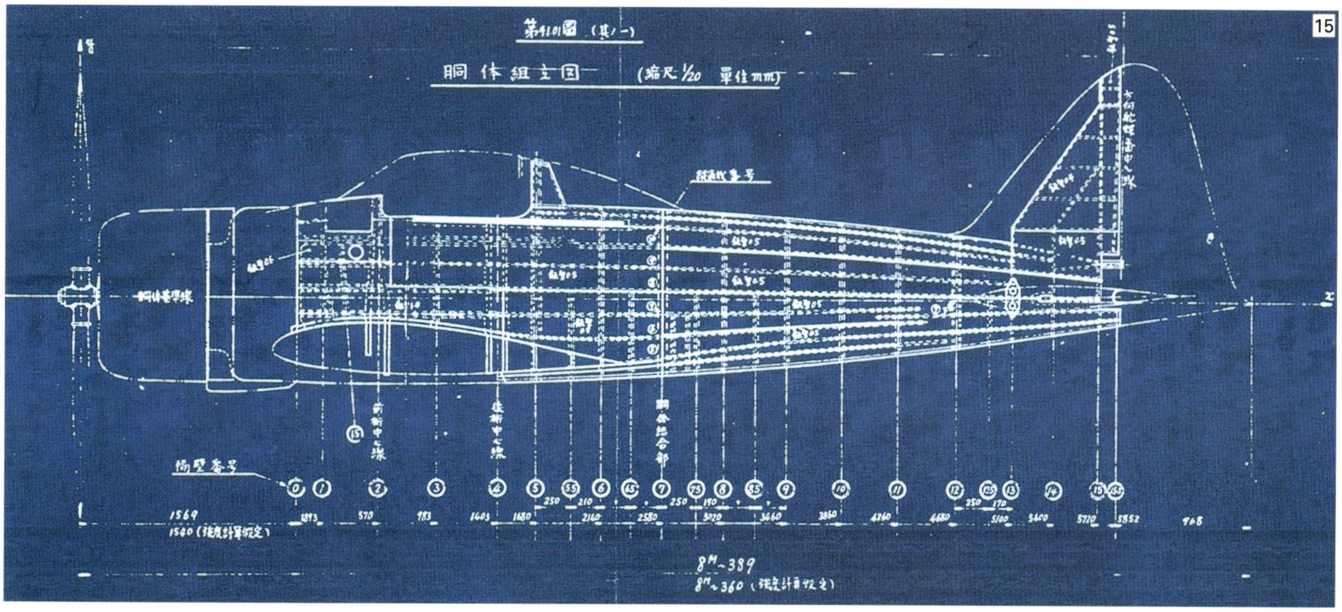

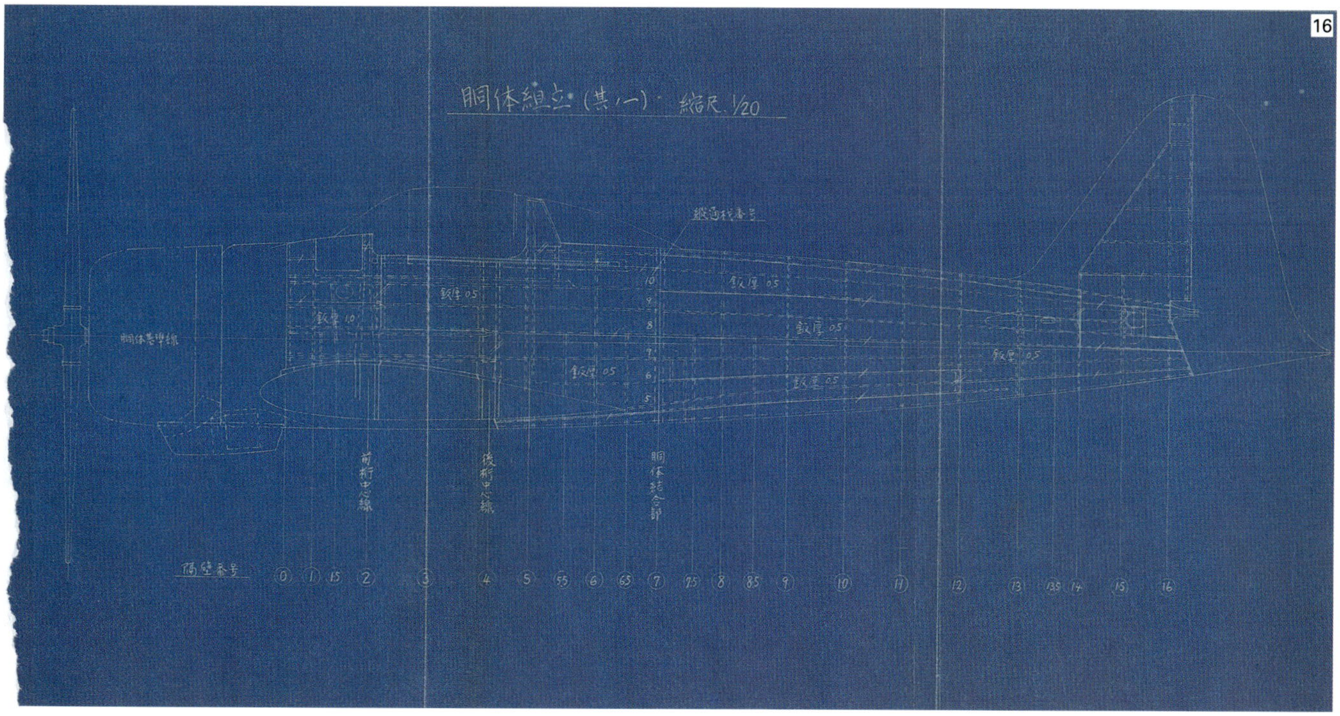

三菱作図の胴体組立図による、十二試艦戦1号機（15.）と、3号機、および6号機以降（16.）の比較。瑞星と栄の、発動機の違いはあるが、胴体先端（0番隔壁）とプロペラ回転中心線間の寸度、カウリング形状、寸度ともほとんど同じ。どちらも2翅プロペラ付きで描かれている。3、6号機以降の機首まわりが、1号機ともっとも異なるのは、下面に気化器、および潤滑油冷却用の空気取入口が併設されたことで、P.18の写真を見ると、瑞星を搭載した2号機の下面にも、この3、6号機以降に似た空気取入口を付けているのが興味深い。もっとも、瑞星一三型の気化器は降流式なので、その空気取入口は潤滑油冷却用のみと思われるが……。3号機以降、胴体後部が延長され、イメージがかなり変化したことも、この2枚の図でよくわかる。

初飛行とはいっても、主脚を出したまま、高度10mを、わずか500mほど飛んだだけであったが、筆舌しがたい苦労の末に完成させた機体が、空中に浮かんだことに、見守った堀越技師の胸中には万感迫るものがあった。

その後、1号機は新谷操縦士も加わって各種試験飛行を行ったが、その初期段階で明らかになったのは、飛行中の振動が大きいことと、一定速度以上になると、昇降舵の効きが過敏になることであった。

振動発生の多くは、当然のことながら発動機とプロペラに起因することは分かっていた。堀越技師は、すでに実用性で問題のない『瑞星』発動機はさておいて、本機が装備した2段可変ピッチ式の2翅プロペラに目をつけた。

九六式艦戦の時代には、プロペラは、ピッチ（羽根のねじれ角度）が最大速度に適応するように固定されていたのだが、十二試艦戦のように、500km/hを越える機体ともなると、低速と高速域の差が大きく、とくに離陸、上昇時など、もっともプロペラに負担がかかるときには、ピッチが固定されたままだと、発動機回転数が落ちてしまい、フルパワーを出せない。

そのため、十二試艦戦の開発に際し、海軍で

昭和14（1939）年4月1日午後5時30分、三菱の志摩勝三操縦士により、岐阜県の各務原飛行場で初飛行した十二試艦戦試作1号機。

The 12-shi prototype #1 takes to the air for the first time from Kagamihara air field in Gifu prefecture, April 1, 1939. MItsubishi test pilot Katsuzo Shima is at the controls in this painting by Shigeru Nohara.

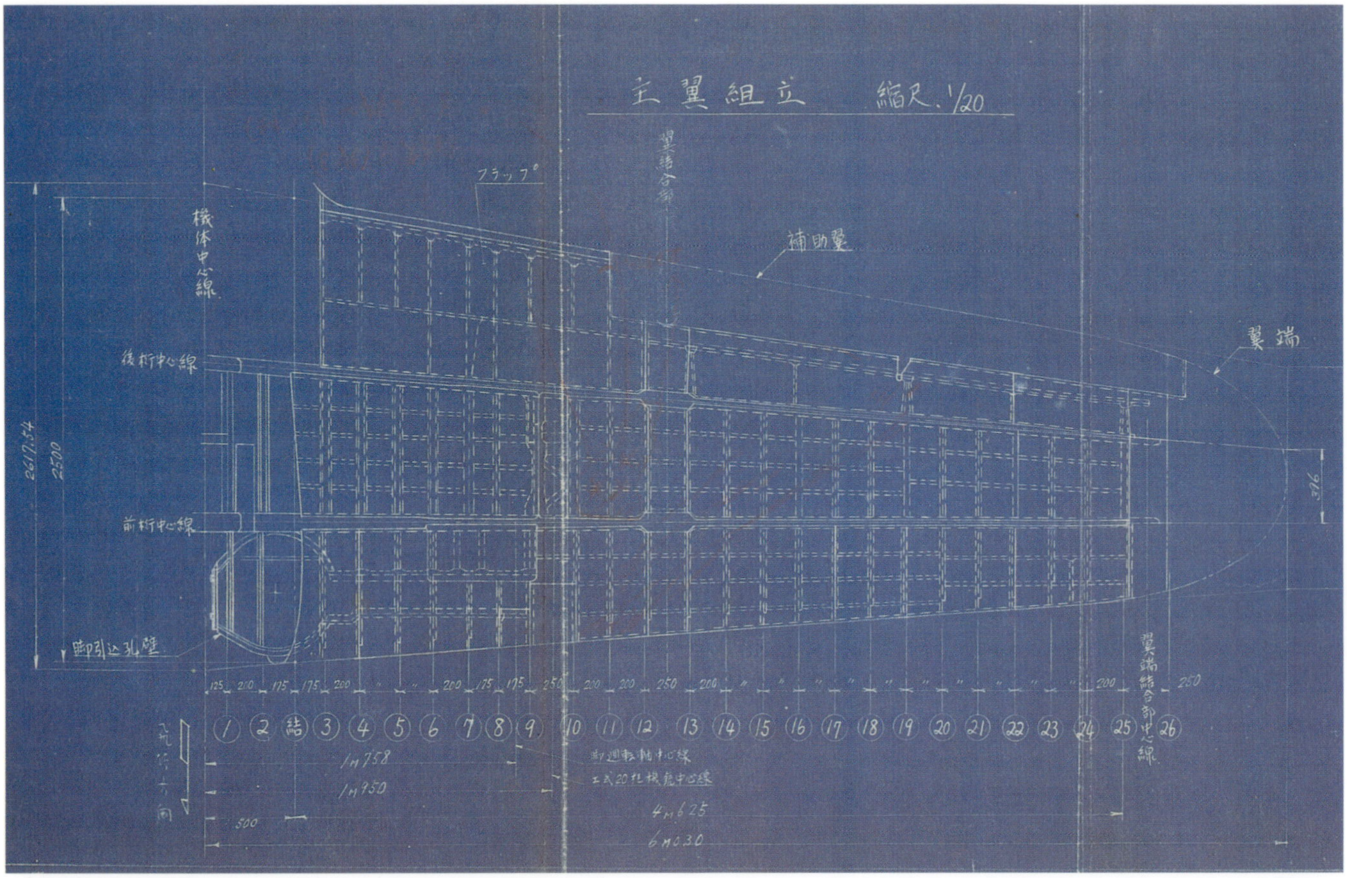

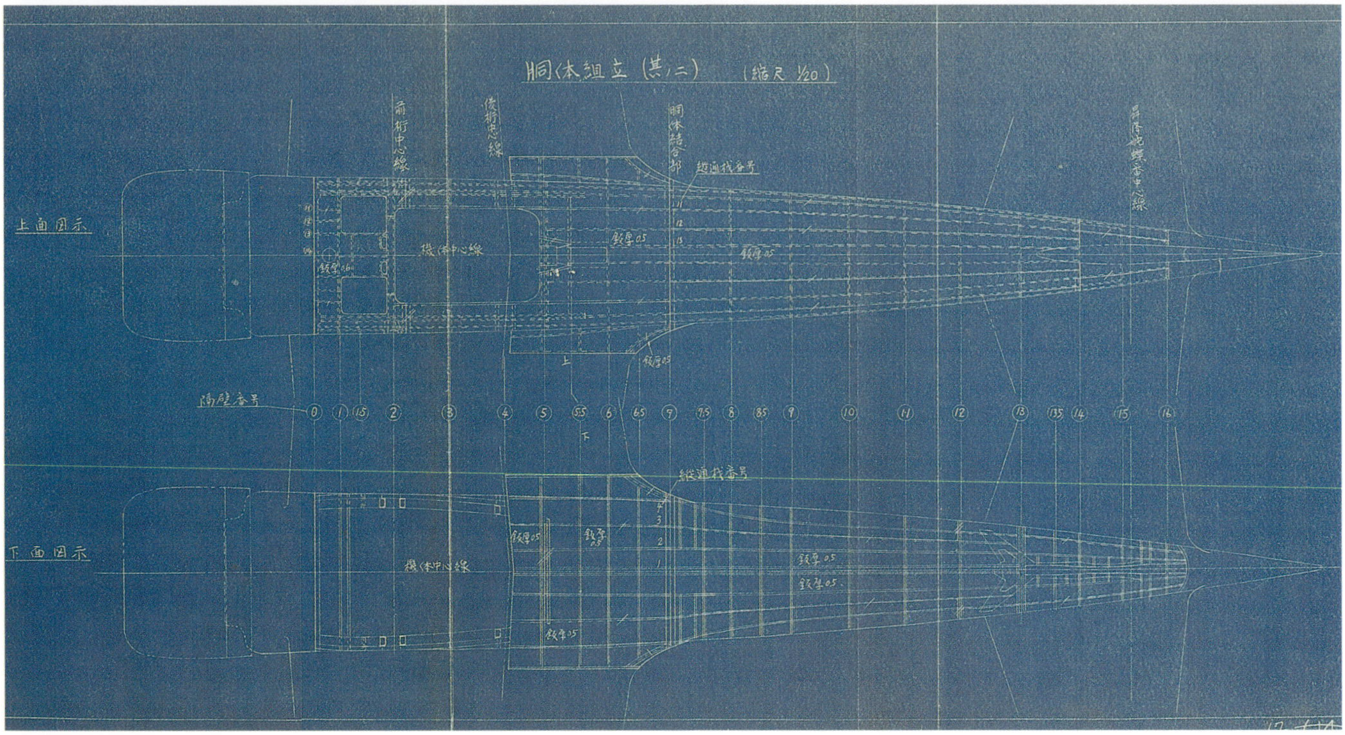

■3号機以降のA6M2の主翼、および胴体組立図 Wing & Fuselage structure of the A6M2 starting with the 3rd prototype

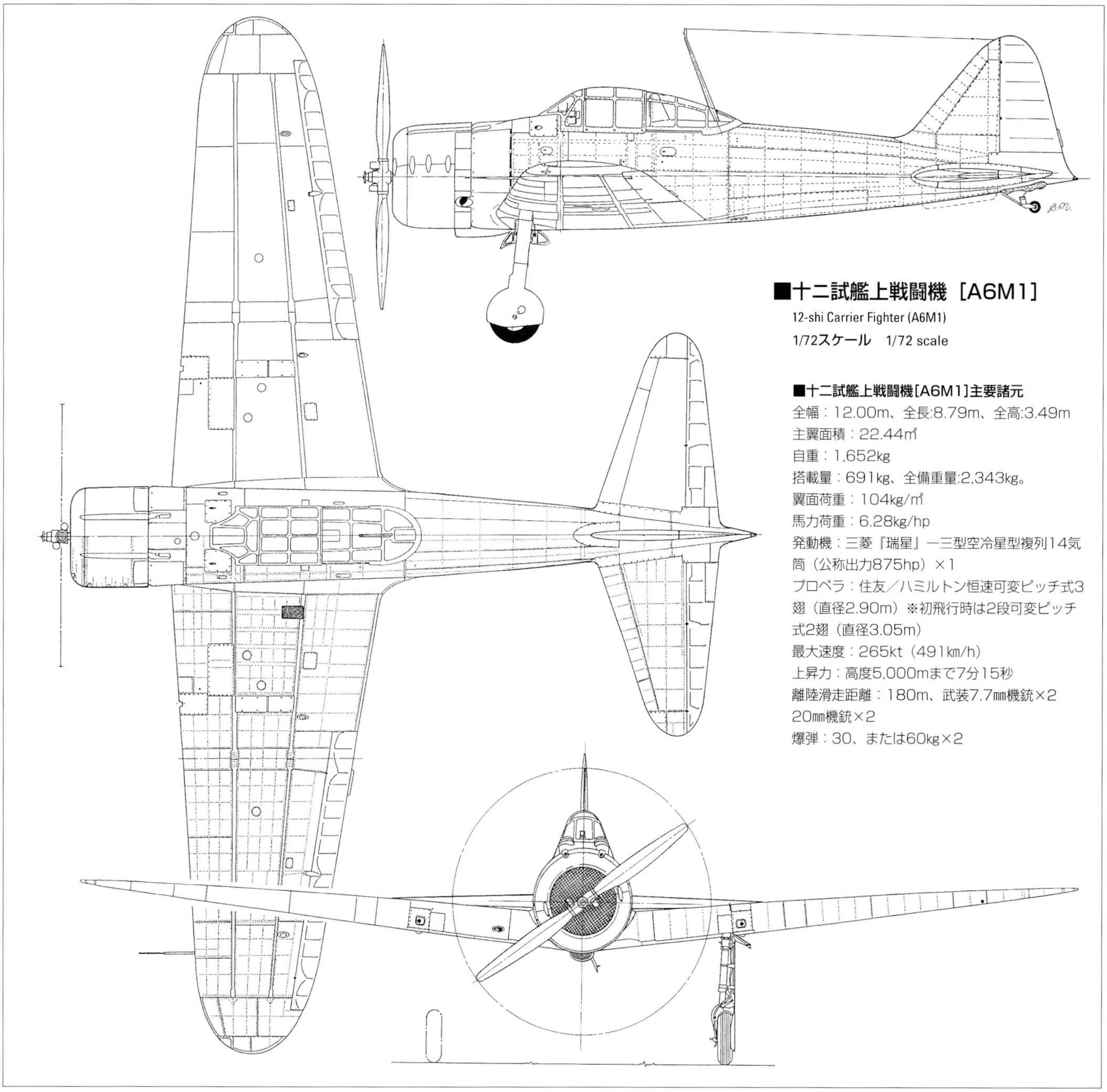

■十二試艦上戦闘機［A6M1］

12-shi Carrier Fighter (A6M1)

1/72スケール　1/72 scale

■十二試艦上戦闘機[A6M1]主要諸元

全幅：12.00m、全長:8.79m、全高:3.49m
主翼面積：22.44㎡
自重：1,652㎏
搭載量：691㎏、全備重量:2,343㎏。
翼面荷重：104kg/㎡
馬力荷重：6.28kg/hp
発動機：三菱『瑞星』一三型空冷星型複列14気筒（公称出力875hp）×1
プロペラ：住友／ハミルトン恒速可変ピッチ式3翅（直径2.90m）※初飛行時は2段可変ピッチ式2翅（直径3.05m）
最大速度：265kt（491㎞/h）
上昇力：高度5,000mまで7分15秒
離陸滑走距離：180m、武装7.7㎜機銃×2 20㎜機銃×2
爆弾：30、または60㎏×2

は、状況に応じ、ピッチを2段階にわけて変更できるプロペラの使用を指定していた。

アメリカのハミルトン社製品を住友金属工業が国産化した、この新しいプロペラのピッチ変更機構はともかくとして、2翅という点が問題なのではないかと睨んだ堀越技師は、もうひとつ予備として用意しておいた定回転式（ピッチを発動機回転数に応じて自動的に変更できる方式で、恒速式ともいう）3翅プロペラに変更した。

狙いは的中し、換装後の試験飛行では振動が半減し、実用上差し支えなし、と判断された。

昇降舵が、高速になると過敏になるという問題は、とくに設計上の誤り云々ではなく、やはり、九六式艦戦時代までの速度域では表面化しない性質のものだった。

すなわち、一定以上の高速域になると、昇降舵を動かしたときに舵面に受ける風圧もそれだけ大きくなるわけで、従来の感覚で操縦桿を動かすと、必要以上に効いてしまうわけである。

現代のように、コンピューター万能の時代なら、いざ知らず、当時、この種の問題を解決する手立ては簡単に見つからず、堀越技師も相当に悩んだらしい。

だが、難問は思いがけないヒラメキによって意外に早く解決した。それは従来の固定観念である操縦系統の剛性統一を変えたことである。

つまり、操縦桿と昇降舵をつなぐ槓桿、索類を、規定硬度よりも低いもの、すなわち、伸び縮みする程度に少し細くすれば、操縦桿の操作範囲を一定に保ちつつ、低速時には風圧が小さく、槓桿、索も伸び縮みが少ないため、昇降舵は大きく動き、高速時はその逆に、昇降舵は小さくしか動かないという原理だった。

のちに『剛性低下による操縦応答性の改良』と称されたこの方式は、欧米諸国ではほとんど意識されなかった問題だったが、これにより、

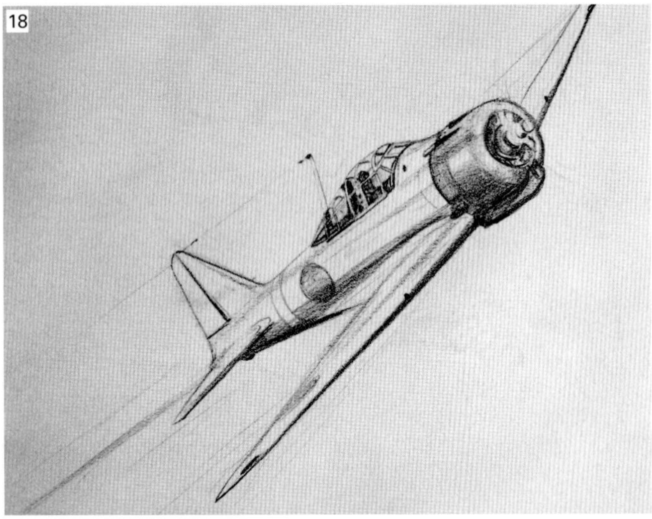

17.三菱工場にて完成後、振動試験を受ける十二試艦戦試作2号機。カウリングが外され、『瑞星』一三型発動機がむき出しになっている。注目すべきは、下面の潤滑油冷却空気取入口がP.13に示した『栄』発動機搭載機の初期仕様に似ていることで、1号機（画面右奥に主翼が写っているのが同機）をテストした結果、このように改修したと考えられる。右手前の台架にのっているのが振動発生器で、そのシャフトの先がプロペラと接続している。

18.昭和15年はじめ、航空母艦『赤城』分隊長の浅井政雄大尉が、横須賀で目撃した十二試艦戦を、記憶をもとに描いた飛行図。試作1、2号機のいずれかと思われるが、カウリング下面の空気取入口の形状が、現存する公式図、写真のいずれとも合致しない点が興味深い。海軍領収後に改修されたのだろうか？

17. The 12-shi prototype #2 undergoing vibration tests at Mitsubishi's plant following completion.

18. A sketch of the 12-shi prototype in flight drawn from memory by Lt. Masao Asai, a squadron leader based on Akagi, after seeing the plane at Yokosuka.

■筆者注

これまで『瑞星』発動機搭載のA6M1は、試作1、2号機の2機だけとされてきたが、1号機完成直前の昭和14年1月16日付けの官房機密第204号として、海軍大臣から横須賀鎮守府司令長官宛に発布された訓令によると、十二試艦戦の各種実験を行うために使用する機体は、『瑞星』装備の第一、二、五、六号機、『NK1B』（のちの制式名称は『栄』）装備の第三、四号機と記されており、A6M1は4機製作されることになっていた。この時点では、『栄』はまだ量産態勢が整っていなかったとも思われ、それを見越しての配慮だったとも思われるが、実際に五、六号機が完成したのは昭和15年2、3月であり、上記訓令で、各種実験を完了するのは14年9月30日としてあることからも、実際に『瑞星』を搭載したのか？　だが、一応、上記訓令に従い、A6M1、4機説を採った。

零戦の類いまれな運動性能が一段と冴えたのは事実であり、堀越技師の卓見は敬服に値する。

この「剛性低下方式」が、実施される前の昭和14年4月25日、試作1号機は、正規全備重量の2,331kg状態における性能試験を初めて実施し、最大速度264kt（488.9km/h)を記録した。

これは、計画要求値の270kt（500km/h）には6kt（約11km/h）不足していたが、他のハイレベルな要求を思えば、堀越技師には満足すべき値だった。実際、この日の計測値は、ピトー管位置誤差を過小に見込んでおり、後日、改めて計算したところでは、もう10kt（18.5km/h）くらいは出ていたことが判明した。

航続力については、海軍側の手で試験されることになっているため未知数ではあったが、これまでの社内試験をみる限り、十二試艦戦は、当初は、実現不可能と思われたハイレベルの諸性能を満たすことができたのではないかという期待感が、いっそう強くなるのを、堀越技師以下スタッフは禁じえなかった。

◎玉成への道

操縦系統を前述の剛性低下方式に変更した1号機は、社内試験の過程で明らかになった大きな問題をほぼクリアしたことになり、7月に入ると海軍側のテストパイロットによる試験、いわゆる「官試乗」へと進んだ。

航空技術廠（十二試艦戦1号機の初飛行と奇しくも同じ、4月1日付けで旧航空廠を改称）飛行実験部から派遣された、真木成一大尉、中野忠二郎少佐両名の試乗により、「九六式艦戦より大型にもかかわらず、操縦容易にして振動も少なく、密閉風防のおかげで居住性はすこぶる良好」（真木大尉の所見）との評価を得た。

ただ、低速時に横転するとき、補助翼の効きが不足することが指摘され、今後の改修課題に

■十二試艦戦第3号機、および6号機以降に搭載された中島『栄』一二型発動機

The Nakajima "Sakae" Model 12 engine which was mounted in the third prototype of the 12-shi Carrier Fighter and in the sixth and later examples.

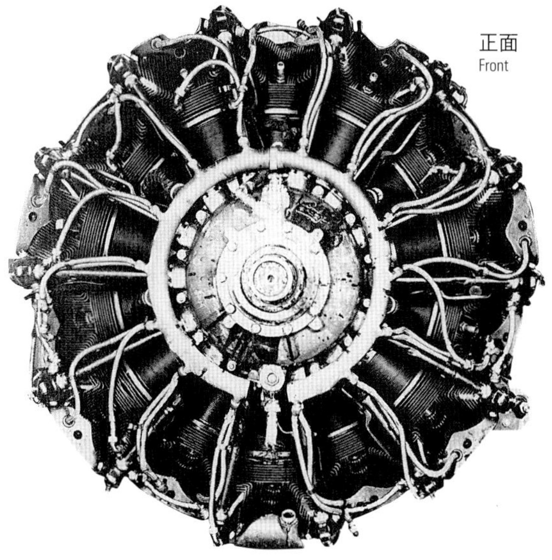

正面
Front

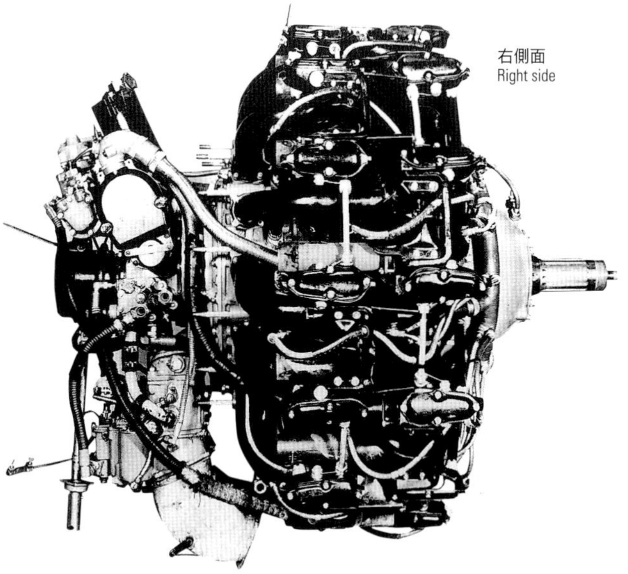

右側面
Right side

なった。

官試乗の結果、海軍は1号機を領収することに決め、昭和14（1939）年9月14日、真木大尉に操縦された同機は、堀越技師以下の見送りを受けて各務原を離陸し、横須賀・追浜基地に空輸された。

4月1日の初飛行から数えて5ヵ月半､この間の飛行回数は計119回､総飛行時間約43時間半という異例の長期に及んだが、それだけ十二試艦戦が容易ならざる機体だったということであろう。

1号機につづき、2号機が10月18日から社内試験を開始した。すでに1号機で指摘された改修事項は、製作中に順次実施されていたため、1週間後の10月25日に早くも海軍に領収された。

この間、社内では、のちの本機の運命を決するほどの重大懸案が密かに実行されていた。

それは心臓たるべき発動機を、海軍の命令により、ライバル会社の中島製の『栄』に換装する、というものだった。

『栄』は、『瑞星』と同じ複列14気筒だったが、重量、サイズがほとんど同じまま、出力は940hpと勝っており、ハイレベルの要求性能を満たすために、1馬力でも大きい出力が望ましい十二試艦戦にとっては、願ってもないことだった。

この案は、この時期になって、急に浮上したものではなく、『栄』がまだ未知数の存在だった、十二試艦戦の試作発注当時に、すでに海軍航空本部内で搭載の是非が検討されていたとされる。その『栄』が、昭和14年に入って実用化の目処がついたため、海軍は1号機の社内飛行試験が行われている最中の同年5月1日、打ち合わせのために航空技術廠を訪れた堀越技師に対し、試作3号機以降は『瑞星』に換えて『栄』（一二型）を搭載するよう、申し渡した。

設計者の立場からすれば、この命令は歓迎すべきことではあったが、会社としては営業上、好ましいことではなく、胸中は複雑だった。のちに、堀越技師はこのときの印象を、「鳶に油揚げをさらわれた気持ち」と述懐している。

通常、発動機換装というのは大掛かりな設計の変更をともなうものだが、幸い、『瑞星』と『栄』の重量、サイズ上の違いは極く小さく、胴体前部、発動機取付架などに根本的な変更を必要としなかった。ただ、気化器の違いなどもあって、カウリングを新規に設計し、かねてより懸案とされていた尾翼周辺の改修（胴体を後方に少し延長し、水平尾翼取付位置を上方に移動、垂直安定板、方向舵の形状も変更する）もあわせて実施したため、3号機の外観は、1、2号機と比較して、様変わりした。

なお、発動機が変更されたことにより、十二試艦戦に与えられていた略符号（記号）は1、2号機が**A6M1**だったのに対し、3号機は**A6M2**に変わった。この符号は、採用、不採用の如何に関わらず､海軍の発注機にはすべて付与され、機種、製造メーカー、改造度合がひとめで分かるようになっていた（Aは艦上戦闘機、6はその6番目の試作機、Mは三菱を示す頭文字、1はその最初の型を示している）。

発動機換装という「大事」があったわりには、3号機の完成は早く、2号機の領収から2ヵ月後の昭和14年12月28日には飛行試験を開始した。出力が増したことにより、3号機は最大速度が確実に270ktを越え、補助翼の効きなど細かい点に不満はあるものの、他の諸性能はほぼ要求値を満たしていることが分かり、ここに、世界にも類例をみない「万能艦上戦闘機」が実現した。

年が明けて昭和15年1月24日、官試乗もそこそこに、3号機は海軍に領収され、4号機以降も次々と完成していき、十二試艦戦の制式採用も間近いとみられていた。

しかし、同年3月11日、三菱の堀越技師以下スタッフたちを震撼させる出来事が起こる。

この日、横須賀の追浜基地で急降下中のプロペラ過回転の状況を試験中だった、空技廠飛行実験部所属、奥山真澄工手の操縦する試作2号機が、高度1,500mから約50度の急降下に入った直後、機体が大音響とともに空中分解し、奥山工手も殉職したという知らせが飛び込んできたのだ。空中分解とは容易ならざる事態で、これが万一、機体設計上のミスに起因するものであれば、本機の前途も危うくなってしまう。

知らせを受けた堀越技師は、即日、横須賀に赴き、事故原因の調査、今後の対策について海軍と共同であたることになった。

事故現場から回収された残がいは､主､尾翼の一部を除き、原形を留めぬほどに破壊されており､地上の目撃証言はあるものの､空中分解に至った原因を探り出すのは至難のように思われた。

しかし、航空技術廠側の不眠不休に近い調査の結果、昇降舵平衡重錘（マス・バランス）の取付金具が、度重なる衝撃によって疲労・切損しており、そのまま急降下に入ったため、激し

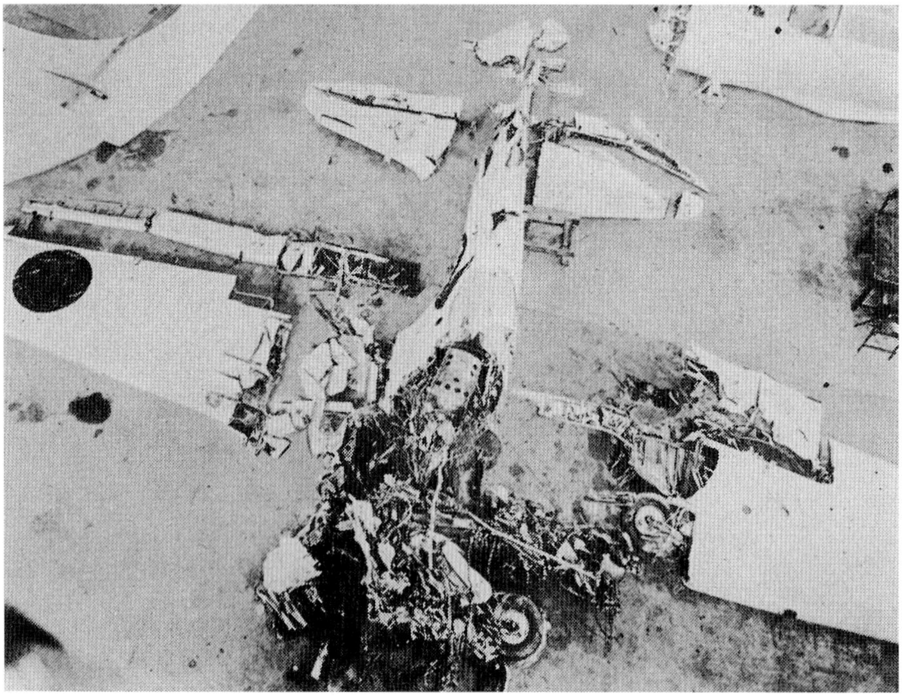

19

19.昭和15年3月11日、急降下中のプロペラ過回転状況をテストしていて空中分解した、十二試艦戦試作2号機。残がいを拾い集め、横須賀基地の格納庫内に、原形に沿って置いた状況で、破壊の凄まじさが分かる、原因は、昇降舵平衡重錘取付腕の、金属疲労切損によるフラッターだった。

19. On March 11, 1940, the 2nd prototype broke apart in mid-air during propeller overspeed dive testing. The wreckage was recovered and laid out in a Yokosuka hangar.

いフラッター（上、下振動）を起こし、それが機体全体に波及して、一瞬のうちに空中分解に至ったことが判明した。

これを解明したのは、海軍機振動問題の権威と称された、空技廠の松平精技師である。

ただちに、完成済みの機体、以後に製作される機体のすべてに、昇降舵平衡重錘取付金具の強化が施され、同様の事故は以後、二度と起こらなかった。

これは設計側の不手際というよりも、従来までの教訓では推し量れない、高性能の十二試艦戦ならではの未知なる問題というべきで、いわば玉成するための試練のひとつといえた。

◎零戦の誕生

試作2号機の空中分解事故というアクシデントはあったものの、本機の飛躍的高性能については、海軍側関係者の誰もが認めるところであり、その噂は中国大陸で戦っている実施部隊にも伝わり、一日も早い前線への配備を要求していた。かつて、十二試艦戦に対し、批判的な意見を具申してきた第12航空隊もその例に漏れず、矢のような督促をしてくるほどだった。

しかし、昭和15年3月末の時点において、完成していた十二試艦戦は、A6M1、4機（※筆者注）、A6M2、2機の計6機にすぎず、実用化のためには、なお改修を必要とする細々とした事項もあって、第一線配備するには、しばらく時間がかかる状況だった。

だが、大陸奥地に後退した中国軍を叩くために、九六式艦戦の掩護なしで出撃する陸攻隊は、その都度、中国空軍戦闘機の迎撃によって手痛い損害を被っており、十二試艦戦の一刻もはやい配備を渇望しいていた。

こうした切実な要求のまえに、海軍も決断を下し、制式兵器採用前にもかかわらず、10数機のA6M2が完成した時点をもって、中国大陸に派遣することを決めた。前例のないことである。

むろん、艦上戦闘機としての適応試験はまだ行われておらず、その装備も整っていなかったが、とりあえず陸上基地から運用するとして、類別上は局地戦闘機（防空用戦闘機のこと）扱いとすることにした。

その年の6月、長崎県の大村航空隊で教員任務に就いていた横山保大尉は、突然、海軍省から臨時横須賀航空隊付を発令された。その内容は、「十二試艦戦1個分隊を編成し、すみやかに漢口（中国大陸の揚子江中流地区に所在した、日本海軍中枢基地）に進出せよ」というものだった。

横山大尉が、十二試艦戦隊の最初の長に抜擢されたのは、戦闘機搭乗員としての優れた腕前はもとより、指揮官としての資質にも秀でていたからに他ならない。

横須賀に着任し、自らも十二試艦戦を完全に手の内に入れるべく猛訓練するのと同時に、横須賀航空隊より所在の人員を抽出した横山大尉は、7月15日、部下の5機を率いて漢口に向かった。その1週間後の21日には、進藤三郎大尉に率いられた第二陣の6機も漢口に到着し、ただちに第12航空隊に編入された。

渇望していた高性能新鋭機の到着とあって、現地では、連合航空隊司令官までもが顔を揃えて出迎えるほどの熱狂ぶりであったが、十二試艦戦は、筩温過昇、燃料ベイパーロック、20㎜機銃の故障など、細々としたトラブルが解消せず、すぐには実戦出撃することができなかった。連合航空隊司令官は、苛立ちを隠さず、横山大尉に出頭を命じて「いつになったら出撃できるのか」と強く叱責したが、大尉は、信念をもって万全の態勢が整うのを待った。この間、部下たちも含め、連日の猛訓練を行ったことはいうまでもない。

このような状況下の昭和15年7月24日、海軍は十二試艦戦の実用化には一応の目処がついたと判断し、**零式一號艦上戦闘機［A6M2］**の名称により制式兵器採用した。零式とは、この年が日本独自の皇紀年号で数えて2600年にあたり、その末尾の零をとったことによる。

計画要求書公布から2年9ヵ月余、当時の単発戦闘機としては、開発期間が、やや長いほうであったが、世界にも類例をみない、オールラウンド・プレーヤー的高性能艦上戦闘機を具現したという点からすれば、むしろ早いといえるかもしれぬ。堀越技師以下、三菱の設計スタッフの苦労は、ここに報われたのである。

第12航空隊に配属された、これら10数機の零式一號艦戦が、それからほどなく、8月19日に初出撃、9月13日に中国空軍機と初めて空中戦を交え、完全勝利で華々しい実戦デビューを果たすこととなる。

第2章 大勝、マレー沖海戦

当時描かれたマレー沖海戦の絵。状況の正確さはさておき、戦闘中の写真がほとんど残っていない現状からして、その雰囲気をうかがい得る貴重な資料ではある。
A painting of the Japanese action against Force Z. The atmosphere of the day is well captured.

第一次世界大戦以来、国運を賭した大戦争において、その雌雄を決するのは洋上における主力艦、すなわち戦艦同士の砲撃戦の如何だと考えられていた。これが、いわゆる「大艦巨砲主義」と呼ばれた、列強各国の共通した戦略構想であった。

しかし、その第一次世界大戦において、陸の戦車、海の軍艦に次ぎ、兵器としての評価を一気に高めた航空機は、個々の打撃力は小さくとも、艦船とは比較にならぬ高速を最大の武器にして、集団をもって戦艦に襲いかかれば、これを撃沈できる可能性が高まった。

この考えに基づき、航空機をもって敵主力艦群に戦いを挑み、砲撃戦の前に戦力を殺いでおき、数的に劣る味方艦隊を側面から補佐するという考えを、世界に先駆けて実践したのが日本海軍であり、そのための専用機種として生み出したのが陸上攻撃機だった。

しかし、演習によって戦艦を撃沈できる可能性を示唆することはできても、実際の戦争において、これが果たして可能なのかどうかは、誰にも分からなかったし、日本海軍のみならず、アメリカ、イギリス、ドイツをはじめとした列強国海軍においても、大艦巨砲主義が依然として、まかり通っていた。

昭和16（1941）年12月8日、太平洋戦争開戦を告げた日本海軍のハワイ・真珠湾攻撃は、空母艦載機の魚雷、爆弾によって、停泊中の戦艦群を壊滅させるという、前記の可能性を初めて立証した例として、列強国に大きな衝撃を与えたわけだが、目標がまったく動いていないという点において、大艦巨砲主義という概念を根底から揺るがすほどの衝撃には至らなかったというのが、実情である。

ところが、この衝撃が醒めやらぬ2日後の12月10日、マレー半島沖で日本海軍の陸上攻撃機が、イギリス海軍の誇る大型戦艦2隻を、魚雷と爆弾攻撃によって撃沈するという「大事件」が発生し、全世界が再び驚愕した。

この2隻の戦艦は、広い洋上を縦横に退避行動をしていたにもかかわらず、魚雷、爆弾の集中攻撃を受け、応戦も空しく撃沈されてしまったことで、もはや大艦巨砲主義が過去のものであることを、いやが応でも世界に知らしめた。戦艦時代の終焉である。

本稿は、この海戦史上きわめて画期的な「事件」を、ビジュアル的に追ったもので、従来までの文章主体のものより、視覚的に捉えられると思っている。

◎イギリス東洋艦隊シンガポールへ

日本軍による南部仏印「フランス領インドシナ（現：ベトナム、ラオス、カンボジア）」進駐を受け、アメリカは対日石油禁止令を発してこれに抗議、イギリス、フランス、オランダも同調したことから、日本に対する経済制裁は一段と深刻となり、太平洋戦争開戦はもはや避けられぬ情勢になった。当時、日本では、これら連合国側の措置を「ABCD包囲網」と称した。

昭和16年8月、イギリス首相W・チャーチルは、日本との開戦に備え、東洋の植民地を守るために、海軍艦艇のシンガポール派遣を提唱、日を経ずして議会承認された。

■陸攻による雷撃要領

マレー沖海戦でイギリス戦艦2隻を撃沈したのは、いうまでもなく九六式陸攻、一式陸攻の雷撃であった。それが、具体的にどのようなものだったかを示す格好の見本が、このページに掲載した4葉の写真。昭和16年4月下旬に行われた、第11航空艦隊の航空戦技教練の折のもので、連合艦隊旗艦の戦艦『長門』を仮想目標にして、海面を這うような超低空で迫る、高雄空の一式陸攻と、元山、または美幌空の九六式陸攻が写っている。雷撃機は、目標の針路、速力などを確認し、自機の相対位置、機速、魚雷の速度などを照らし合わせ、割り出された目標の未来位置に狙いをつけて魚雷を投下するのである。投下後は、敵艦のすぐ近くを横切って退避することになるため、対空砲火によって撃墜されるリスクも大きいことが分かる。

Scenes of the land-based bombers in action against the Prince of Wales and Repulse. A photo revealing the torpedoes used against the two British capital ships. This shot was taken during practice by the 11th Koku-Kantai in April of 1941. With the flagship Nagato being used as a simulated target, Type 1 Bombers (Betty) of the Takao Koku-tai and Type 96 (Nell) Attack Bombers of the Genzan or Bihoro Koku-tai are seen.

1

日本海軍陸攻隊の波状的な雷・爆撃を受け、マレー沖に撃沈された、イギリス海軍が誇った最新鋭戦艦『プリンス・オブ・ウェールズ』(1.)、および旧型巡洋戦艦『レパルス』(2.)。

The pride of the British Navy at the time, the nearly brand-new Prince of Wales (1.), and the older battlecruiser Repulse (2.).

2

「G部隊」と通称された東洋艦隊は、最新鋭戦艦『プリンス・オブ・ウェールズ』、巡洋戦艦『レパルス』、空母『インドミタブル』、駆逐艦4隻から成る有力な部隊で、サー・トーマス・フィリップス中将に率いられ、10月下旬に本国を出発して、大西洋、インド洋を経由、12月2日にシンガポールに到着した。

途中、「Z部隊」と改称した艦隊の誤算は、『インドミタブル』が事故により同行不可能となり、代わりの『ハーミス』も故障で配備を見送られ、この結果、戦艦の上空直掩をするべき艦載機をまったく持てなくなったこと。このことが、のちの悲劇を生む遠因にもなった。とはいえ、『プリンス・オブ・ウェールズ』は、去る3月末に竣工したばかりの、イギリス海軍が誇る最新鋭戦艦(キング・ジョージVクラスの1隻)であり、主砲の口径こそ14インチ(35.5㎝)と小さいが、5.25インチ(13.3㎝)高角砲16門、40㎜ボフォース砲10門、20㎜機銃7門という強力な対空火器をもち、早期警戒のためのレーダーも備えていて、日本海軍の『大和』型戦艦よりも、ある面でははるかに優秀だった。とりわけ、40㎜ボフォース砲は、通称「ポムポム砲」とも呼ばれ、1分間に6万発もの速射能力をもち、航空機にとっては大きな脅威だった。

『レパルス』は、第一次世界大戦中の1916年に竣工した旧式戦艦で、装甲板を薄くして軽量に仕上げ、速度性能を優先させた、いわゆる巡洋戦艦である。ただ、主砲の口径は『プリンス・オブ・ウェールズ』と同じ14インチであり、侮り難い存在だった。

この2隻の主力艦が東洋に来れば、進攻してくる日本の上陸部隊、護衛艦隊に対しても充分、太刀打ちでき、シンガポール、マレー半島の植民地は守れると、当地の多くの人々が確信していた。

◎日本海軍陸攻隊の動向

太平洋戦争の開戦が現実味を帯びてきた昭和16(1941)年1月15日、日本海軍は航空部隊の改編を行い、陸上基地部隊だけによる航空艦隊を編成し、第21、22、24の3個航空戦隊をもって、第11航空艦隊を構成することにし、連合艦隊の隷下に編入した。これら各航空戦隊の攻撃力の中心は、もちろん陸攻隊で、第21には、鹿屋空、1空、第22には美幌、元山空、第24には千歳空の各隊が配備されていた。

16年9月、中国大陸での航空作戦をすべて終了した海軍航空隊は、10月31日に最終的な戦時改編を行い、太平洋戦争開戦に備えた。南方進攻作戦のため、仏印方面に配備された陸、海軍主要部隊の状況は、P.30図の通りであった。

そして、攻撃部隊を束ねる組織として臨時編成されたのが第一航空部隊で、他に支援任務の

3.昭和16年12月、サイゴン基地における元山航空隊幹部。前列中央が司令の前田孝成中佐、右端は第1中隊長石原薫大尉、2列目左端は第3中隊長二階堂麓夫大尉、同3人目は野村信二中尉。

3

4.こちらは、開戦前後のツダウム基地における美幌航空隊の准士官以上の集合写真。前列左端は第2中隊長武田八郎大尉、同3人目は飛行隊長柴田弥五郎少佐、5人目は司令の近藤勝治大佐、同6人目は飛行長今川福雄少佐、同8人目は第4中隊長高橋勝作大尉、2列目左端は第3中隊長大平吉郎大尉、同8人目は第1中隊長白井義視大尉。

4

5.開戦10カ月前の昭和16年2月、鹿児島県の鹿屋基地における鹿屋航空隊幹部。この時点ではまだ九六式陸攻を装備していたが、9月には一式陸攻への機種改変に着手し、6個中隊計72機を装備定数とする大陸攻部隊に生まれ変わる。マレー沖海戦には、その半数の3個中隊が参加した。

5

6

6.日中戦争における作戦行動も終わろうとしていた昭和16年4月、漢口基地（W基地）において九六式陸攻を背に記念写真に収まった元山航空隊員。戦闘機隊と違い、双発機で1機に7名の乗員が搭乗する陸攻隊では、整備員も含めて、1個航空隊ともなるとかなりの大所帯となる。この写真も1個中隊分の人員であり、全体ではこの3倍くらいになる。

7.愛機の尾翼上に立ち、カメラに向かってポーズをとる、美幌航空隊第4中隊の電信員村松友規二飛曹。開戦前の撮影で、機体は受領したての新品機である。「M-375」の機番号、第4中隊を示す太い白帯、濃緑色と土色の雲形迷彩塗り分けなどがはっきりと分かり、資料性に富む一葉である。機番号の独特の書体は、美幌空機に共通する。この375号機は、マレー沖海戦時には空襲部隊第8中隊第82小隊3番機として参加し、九一式改一魚雷によりレパルスを攻撃した。

3. The high-ranking officers of the Genzan Koku-tai seen at Saigon, December 1941.

4. The officers of the Bihoro Koku-tai posing sometime around the start of the war in the Pacific at Tsudaumu air base.

5. The officers of the Kanoya Koku-tai, seen at Kanoya ten months before Pearl Harbor (February 1941). The unit was equipped still equipped with Type 96 Land Attack Bombers at this point, but converted to the Type 1 Betty beginning in September.

6. The men of the Genzan Koku-tai pose in front of one of their Type 96 "Nell" bombers at Hankow air base in April, 1941.

7.A communications crewman of the Bihoro Koku-tai's 4th Squadron poses on the tail fin of his aircraft. The plane appears to be brand-new. This aircraft, M-375, is recorded as having attacked Repulse with a Type 91 Kai torpedo.

7

■別表① 元山航空隊 飛行機隊編制表（十六年十二月十日）

指揮官	中隊	中隊長	小隊	小隊長	機番号	操縦員	偵察員	電信員	搭整員	記事
少佐 中西二一	第一中隊	大尉 石原 薫	第一小隊	飛曹長 小柳津唯吉	1	飛曹長 小柳津唯吉 一飛曹 蓬田 利光	少 佐 中西 二一 大 尉 石原 薫 一飛曹 薮崎 担	二飛曹 墨江 賢治 一 飛 池田 新一	一整曹 高橋 卯吉	
					2	一飛曹 大竹 典夫 一 飛 藤原 聖	一飛曹 富田 三夫	二飛曹 山本 鋭三 一 飛 正木 正彦	一整曹 石沢 石松 二整曹 臼井 正己	
					3	一飛曹 川田勝次郎 三 飛 川崎従太郎	二飛曹 坂井 久平	三飛曹 竹田亀太郎 一 飛 末永 一男	二整曹 秋元 保 二整曹 桐沢 光二	自爆戦死
			第二小隊	中尉 植山利正	1	中 尉 植山 利正 二飛曹 高野 敬	飛曹長 長谷川荘吾 一飛曹 渡辺 恒	二飛曹 山本 晴男 三飛曹 二井 勝人	一整曹 松原 秀男 二整曹 井上 茂樹	
					2	三飛曹 内山 宜和 一 飛 倉木 二生	二飛曹 内海 一孝 二飛曹 中西 信義	三飛曹 中楠 弘 一 飛 加藤 猛	一整曹 星川 伝治 二整曹 細川 久次	
					3	二飛曹 里見 義毅 一 飛 藤田浅五郎	二飛曹 池田定之助 二 飛 山本 一郎	二飛曹 野崎 隆 三飛曹 渡辺 道信	一整曹 田村新太郎	
			第三小隊	飛曹長 小沼房之助	1	飛曹長 小沼房之助 二飛曹 角田金次郎	一飛曹 山本 勝雄 二飛曹 宮田 実	二飛曹 富井 孝次 三飛曹 高橋 孝慶	一整曹 小川 金平 二整曹 黒沼 政治	
					2	一飛曹 丹生 重男 一 飛 芦田 功	二飛曹 長谷 宗雄 二 飛 和田 清次	二飛曹 西沢 長 一 飛 真鍋 義孝	一整曹 新山 堅 二整曹 小澤 夘三	
					3	二飛曹 中島 真澄 一 飛 坂井 正輝	一飛曹 村上 益夫 二 飛 和久 保	三飛曹 阿形 敬一 三飛曹 阿蘇 学	二整曹 松本 実 二整曹 安井 留松	
	第二中隊	大尉 高井貞夫	第一小隊	飛曹長 山崎八郎	1	大 尉 高井 貞夫 一飛曹 向平 章三	飛曹長 山崎 八郎 一飛曹 山口茂太郎	二飛曹 森 茂 一 飛 板垣 正男	一整曹 松本 健蔵	九一式航空魚雷改一 16本
					2	三飛曹 山本 茂春 一 飛 岩藤 宗重	一飛曹 岩田 銭吉 二飛曹 吉園 利男	二飛曹 園部 義隆 一 飛 田中 友治	一整曹 谷田 幸男	
					3	二飛曹 山田 信吉 三飛曹 日向吉之助	一飛曹 国沢 薫	二飛曹 秋山 定彦 一 飛 横井 義雄	二整曹 大山 外史	
			第二小隊	一飛曹 浅沼 均	1	三飛曹 岩崎 光雄 一 飛 田村 欣祐	一飛曹 浅沼 均	三飛曹 伊藤 礼作 一 飛 海老原 信 一 飛 青木 勇吉	一整曹 高倉 信一	
					2	一飛曹 平山 八郎 一 飛 中村 郁雄	一飛曹 前川 潔	一 飛 山内 信男 一 飛 中村 信一 一 飛 市村 忠勝	一整曹 関本 政二	
			第三小隊	飛曹長 平松 実	1	一飛曹 斉藤 末蔵 一 飛 江頭 忠雄	飛曹長 平松 実	二飛曹 渡辺長太郎 一 飛 梶内 芳雄 一 飛 岡田 養二	一整曹 江田伊三郎	
					2	飛曹長 村園 忠雄 一 飛 小林小三郎	一飛曹 水越 是	二飛曹 大沼 正男 一 飛 新町 秀一 一 飛 小川 潔	一整曹 石丸 春美 二整曹 逸見 三郎	
	第三中隊	大尉 二階堂麓夫	第一小隊	飛曹長 板村 肇	1	大 尉 二階堂麓夫 三飛曹 篠原 茂	飛曹長 板村 肇 一飛曹 宮越 清治	二飛曹 辻村 清治 一 飛 高森 一信	二整曹 井上 政一	
					2	一飛曹 古高 博 一 飛 中尾 京三	二飛曹 雨宮時三郎	一飛曹 村岡 正 一 飛 中村 七次	二整曹 野中 光雄 三整曹 高橋 英作	
					3	一飛曹 尾茂田幸一 一 飛 日置 甚枝	二飛曹 石川 勇	三飛曹 村田 三郎 一 飛 加藤 銀秋 一 飛 稲垣 義信	一整曹 田中 英夫 二整曹 宮原 武雄	
			第二小隊	中尉 野村信二	1	飛曹長 一ノ瀬倫也 一 飛 大津 八郎	中 尉 野村 信二 中 佐 前田 孝成	二飛曹 坂本 市助 三飛曹 長谷川要一 一 飛 小川 軍治	一整曹 木南 勝一	
					2	二飛曹 佐々木実男 一 飛 浜松 操	一飛曹 伊藤 勇	一飛曹 伊藤 卓爾 二飛曹 大重 四郎 一 飛 山本 次男	一整曹 竹島 正利 二整曹 白原 良次	五〇番（500kg） 通爆×9
					3	一飛曹 三谷 林 一 飛 谷 茂平	二飛曹 大関 諭	三飛曹 土田 律夫 一 飛 大野新一郎 二 飛 藤井 清美	一整曹 徳永 一無	
			第三小隊	飛曹長 平井春治	1	一飛曹 永田 信吉 二飛曹 高橋外茂次	飛曹長 平井 春治 一飛曹 関根 桂次	二飛曹 菊池 辰男 一 飛 堀越 竹治 一 飛 泉田 静夫	一整曹 岩崎 国成 二整曹 黒石 京助	
					2	一飛曹 小川 衛 一 飛 村瀬 松二	一飛曹 大久保次雄	一飛曹 菅 文夫 一 飛 川越宗太郎 一 飛 安田 正憲	一整曹 古城 利広 二整曹 脇坂 禹	
					3	一飛曹 村松 利平 一 飛 大平万次郎	一飛曹 平林祥次郎	一 飛 大垣 丹治 一 飛 中島 吾三 二 飛 石川 義方	一整曹 谷口 広一 二整曹 栗原 茂男	
	第四中隊	大尉 牧野滋次	第一小隊	飛曹長 井上辰秋	1	大 尉 牧野 滋次 飛曹長 井上 辰秋	一飛曹 新野 正雄	二飛曹 川上 研一 一 飛 村橋 旭 一 飛 河野 辰見	一整曹 西村 留喜 一整曹 加賀谷允夫	
					2	一飛曹 玉置 次郎 一 飛 内田 静馬	一飛曹 角田 正三	二飛曹 川口 勝彦 一 飛 山口 三男	一整曹 坂本 辰馬 一整曹 矢沢 三郎	
					3	一飛曹 河野 治見 一 飛 太田 薫	二飛曹 川口条太郎	二飛曹 西 数美 一 飛 西 静美 一 飛 松浦 次郎	一整曹 跡部 親 二整曹 上村 光雄	
			第二小隊	予少尉 帆足正音	1	予少尉 帆足 正音 一飛曹 田中 喜作	飛曹長 鷲田 光雄	一飛曹 森 慎吾 二飛曹 平尾 要一 一 飛 高橋 光男	一整曹 堺 義久	
					2	一飛曹 日野 正 一 飛 小林 松夫	一飛曹 名倉 文雄	二飛曹 楠瀬 渉 一 飛 山下 俊一 一 飛 菅原 常男	一整曹 塚本 光雄	六番（60kg） 陸爆×2
					3	一飛曹 村関金次郎 二飛曹 武藤 辰雄	一飛曹 渡辺 邦夫	二飛曹 家藤 広四 一 飛 松尾 順吉 一 飛 小島喜代治	一整曹 浜口 重徳	
			第三小隊	飛曹長 鵜沼国治	1	飛曹長 鵜沼 国治 三飛曹 小幡 隆志	飛曹長 三代 庄二	三飛曹 高木 繁 一 飛 泉 隆 二 飛 寒河江精吾	二整曹 大塚 正二 二整曹 市原 芳政	
					2	三飛曹 川添 勉 一 飛 原 寅雄	一飛曹 佐村 静男	三飛曹 篠原 辰蔵 一 飛 富田弥之助	一整曹 木村 義則 二整曹 中原 兼次	
					3	一飛曹 斉藤 義次 一 飛 有村吉太郎	二飛曹 渋谷晴三郎	三飛曹 片沼 幸一 一 飛 篠田 繁 一 飛 大島 茂志	一整曹 江頭 栄 一整曹 山本 実	
	二		二		1	一飛曹 寺島敬二郎 一 飛 金子 為二	飛特少尉 金田 吉一 一飛曹 植竹 保治	三飛曹 松井 彦人 一 飛 大塚 潔	二整曹 西浦 正三 二整曹 松田 政治	左発動機不調、 引返す。

*Organizational chart of the Genzan Kokutai (December 10, 1941)

■別表② 美幌航空隊 飛行機隊編成表（十六年十二月十日）

指揮官	中隊	中隊長	小隊	小隊長	機番号	操縦員	偵察員	電信員	搭整員	記事
各中隊長	第五中隊	大尉 白井義視	第一小隊	飛曹長 高谷才治	1	飛曹長 高谷 才治 二飛曹 村上 勝造	大 尉 白井 義視 一飛曹 今井 勇吉	一飛曹 丸山 裕 二飛曹 高松 利夫	一整曹 久保田 実	二五番（200kg） 通爆×16
					2	二飛曹 藤松 競 二飛曹 成沢 義勝	一飛曹 結城 正吉	二飛曹 根岸 高次 一 飛 松原 四郎 二 飛 松崎 博文	二整曹 坂本源次郎	
			第二小隊	飛曹長 佐藤香	1	一飛曹 吉村 幸男 一 飛 本田 房夫	飛曹長 佐藤 香	一飛曹 細田 圭一 二飛曹 結東 正徳 二飛曹 西沢 正義	二整曹 椎名 光	
					2	一飛曹 沼野 利朗 一飛曹 岩崎 嘉秋	一飛曹 長嶺 惣弥	三飛曹 永井 義照 一 飛 浜家 茂 二 飛 青木 新吉	二整曹 武田 竜市	
					3	一飛曹 佐野 重作 一 飛 水越 幸一	一飛曹 久道 常治	二飛曹 奥山 竹志 一 飛 畑山佐一郎 二 飛 桜井 要	二整曹 小松崎武夫	
			第三小隊	飛曹長 稲田正二	1	飛曹長 稲田 正二 二飛曹 赤川 喜八	一飛曹 竹本 侃	二飛曹 矢沢 末彦 二飛曹 布木 円了 一 飛 田中 勲	二整曹 豊田 秀三	
					2	三飛曹 和泉 敏夫 一 飛 力石 佳季	一飛曹 谷田部栄次郎	二飛曹 本城 勝利 一 飛 保土沢精二	二整曹 安斎 弥	
					3	三飛曹 今井田和夫 一 飛 斎藤 純	二飛曹 藤沢 武雄	三飛曹 坂本 三雄 一 飛 笹本 明 二 飛 内山 猛	二整曹 越智 森重	
	第六中隊	大尉 武田八郎	第一小隊	飛曹長 赤池安好	1	飛曹長 赤池 安好 一 飛 森山 保	大 尉 武田 八郎 二飛曹 新井 清	一飛曹 江原 万吉 二飛曹 千葉 裕	一整曹 入倉 敏徳 二整曹 新 竹雄	五〇番（500kg） 通爆×8
					2	三飛曹 福田 清文 一 飛 小崎 徳造	二飛曹 滝沢 恒夫	二飛曹 下田 丑蔵 二飛曹 野沢幸四郎	一整曹 高山 謙三 二整曹 山田忠二郎	
					3	二飛曹 山添 清三 一 飛 坂野 芳雄	二飛曹 佐川 保政	二飛曹 太田慶次郎 一 飛 藤原 盛人	二整曹 馬場 虎雄 三整曹 坂本 照夫	
			第二小隊	中尉 仲斎治	1	中 尉 仲 斎治 一 飛 安藤 三郎	一飛曹 正木 時盛	二飛曹 中西 福蔵 三飛曹 岡村 良男 三飛曹 飯塚 恒吉	一整曹 佐藤 実 一 整 尾形 昇	
					2	三飛曹 村上 益雄 一 飛 高村 善道	二飛曹 内田二三男	二飛曹 小川金之助 一 飛 鈴木賢次郎 二 飛 白藤 茂雄	二整曹 金井 義直 三整曹 佐藤 幸吉	
					3	一飛曹 辻 友三郎 一 飛 飯田 俊雄	三飛曹 伊藤 貞雄	一飛曹 高橋 一男 三飛曹 北村 省介 二 飛 向岩 慶志	二整曹 今野 政敏 三整曹 小川 克自	
			第三小隊	飛曹長 赤津弁蔵	1	一飛曹 声高安喜人 一 飛 鈴木 勲	飛曹長 赤津 弁蔵	二飛曹 中尾 清 二飛曹 吉江 一彦	一整曹 五十嵐留雄 二整曹 須藤 竜弥	
					2	一 飛 西岡 林吉 三飛曹 貴堂 武	二飛曹 佐藤 善一	三飛曹 北市 茂雄 一 飛 佐藤 由郎 二 飛 光井 賢治	二整曹 飯田康太郎 二整曹 進藤 儀三	
	第七中隊	大尉 大平吉郎	第一小隊	飛曹長 石井章	1	大 尉 大平 吉郎 一飛曹 中村 吾助	飛曹長 石井 章 一飛曹 馬場 正一	一飛曹 渡辺繁次郎 二飛曹 斎藤啓一郎 三飛曹 伊達正之祐	二整曹 黒田 善作	五〇番（500kg） 通爆×9
					2	二飛曹 古越倍二郎 一 飛 尾上 正美	一飛曹 栗原 三郎	三飛曹 矢口 親進 一 飛 長田 盤雄	二整曹 大野五十二	
					3	二飛曹 隠岐 憲一 一 飛 石橋 三郎	二飛曹 小林 良光	二飛曹 渡辺 武夫 一 飛 二村 繁三	二整曹 吉田 広	
			第二小隊	予少尉 高橋良治	1	予少尉 高橋 良治 一 飛 梅田 英雄	一飛曹 福元 保	二飛曹 尾宮 幸男 二飛曹 木全 徳一 一飛 篠崎 三郎	一整曹 小田 孝一	
					2	三飛曹 小川 岩根 三飛曹 杉原 敏樹	二飛曹 藤田 清次	三飛曹 足立 新一 一 飛 川本 武 二 飛 酒井 乾	二整曹 宮分 寅雄	
					3	二飛曹 大畑 三夫 一 飛 河合安部彦	一飛曹 大沢 武	三飛曹 西田 厚行 三 飛 山口 豊春 二 飛 橘 幹雄	二整曹 松島 渉	
			第三小隊	飛曹長 酒井三郎	1	飛曹長 酒井 三郎 二飛曹 坂本 義兼	三飛曹 八巻 嘉朗	二飛曹 星野 耕次 二飛曹 福田 章 三飛曹 及川千代見	一整曹 佐藤 賢三	
					2	一飛曹 金竹 有信 一 飛 村田 卯吉	三飛曹 根元 一	三飛曹 高橋 次郎 一 飛 原口 広介 二飛曹 丸山権三郎	二整曹 渡辺 安二	
					3	一飛曹 松尾 晃 一 飛 河野 知利	二飛曹 桜井 秋治	三飛曹 山崎 淑雄 一 飛 山中 包雄 二 飛 岸 一郎	二整曹 中島 英次	
	第八中隊	大尉 高橋勝作	第一小隊	飛曹長 田村峰吉	1	二飛曹 緒方 正俊 大 尉 高橋 勝作	飛曹長 田村 峰吉	一飛曹 杉浦 重松 二飛曹 請野 明夫 一 飛 平沢 周平	二整曹 吉田 古 三整曹 野口 久吉	魚雷落下せず、 やり直しを行ったが、 不投下
					2	一飛曹 岩本 秀雄 一 飛 菅原 繁治	一飛曹 横山 一吉	三飛曹 松田 辰雄 一 飛 菅野 長平	二整曹 石田 栄治 三整曹 小林 利行	
			第二小隊	中尉 庄司正見	1	中 尉 庄司 正見 二飛曹 高橋 清	一飛曹 松尾 泰助	二飛曹 今津 勇 三飛曹 工藤 敬喜 一 飛 小沢 政雄	二整曹 大原 勝平	
					2	三飛曹 今 行雄 一 飛 千葉 信二	一飛曹 山田 敏次	二飛曹 小松 逸郎 一 飛 下田 良蔵 二 飛 杉本 実生	三整曹 圷 哲	
					3	三飛曹 大野 寿雄 一 飛 二村 長栄	一飛曹 東 政明	二飛曹 村松 友規 一 飛 石田 力三	一整曹 越田 仲 二整曹 向後 博	九一式航空魚雷改一 ×7
			第三小隊	飛曹長 半澤茂	1	一飛曹 田平 英 一 飛 下重喜久男	飛曹長 半澤 茂 一飛曹 内田 学	二飛曹 板山 義雄 三飛曹 長谷川俊夫	一整曹 今野内蔵雄 三整曹 中島 金造	
					2	三飛曹 金指 朝之 一 飛 浅野多喜雄	二飛曹 幡野 久	三飛曹 森 隆 一 飛 久保田 博 一 飛 田中 正	一整曹 鈴木与三郎	
					3	一飛曹 大畠 真平 一 飛 鵜野 進	一飛曹 小川 勝己	二飛曹 仲畑 博臣 一 飛 富田 均一 一 飛 菅沼 喜利	二整曹 合田利三郎	
触接機						一飛曹 渡辺 勝 一 飛 木原 忠造	飛曹長 山田 猛夫	二飛曹 西川 慶次 一 飛 小笠原長治 一 飛 小杉 昇	二整曹 工藤 吉見	取止め

*Organizational chart of the Bihoro Kokutai (December 10, 1941)

■別表③　鹿屋航空隊　飛行機隊編成表（十六年十二月十日）

指揮官	中隊	中隊長	小隊	小隊長	機番号	操縦員	偵察員	電信員	搭整員	記事
少佐 宮内七三	第一中隊	大尉 鍋田美吉	第一小隊	飛曹長 柳沢良平	1	大尉 鍋田 美吉 一飛曹 檀上 行男	少佐 宮内 七三 飛曹長 柳沢 良平	一飛曹 高村 充 三飛曹 平尾 敬象	一整曹 今野 吉雄 一整曹 阿久根竜造	
					2	一飛 堤 善四郎 一飛 天野 敏夫	二飛曹 北島 源六	三飛曹 辻 繁 一飛 香川 次郎 一飛 北村 桃恵	一整曹 村岡 武雄	
					3	一飛曹 加藤辰五郎 二飛曹 保田栄三郎	一飛曹 児島 登 一飛 梶原 定一	二飛曹 成田 明 一飛 伊藤 善男	一整曹 福永 斉弘 二整曹 菰田 武司	
			第二小隊	中尉 須藤朔	1	飛曹長 山本 春雄 二飛曹 下岡 功得	中尉 須藤 朔 一飛 佐々木為雄	三飛曹 岩切 光義 一飛 角田 治男	一整曹 黒木 富一 一整曹 木下 清	
					2	三飛曹 元木 信夫 一飛 河野 八郎	一飛曹 納富 一 一飛 浅野 重善	二飛曹 高田 博 一飛 松田 稔	一整曹 波田江 勝 二整曹 鈴木 信一	鈴木二整曹重傷
					3	二飛曹 中井 照 一飛 金子 勇	一飛曹 金野 正人	三飛曹 石塚 喜治 一飛 久保 三男	一整曹 服部 茂春 二整曹 勝倉 祐夫	
			第三小隊	飛曹長 西川時義	1	飛曹長 西川 時義 二飛曹 山田 義武	一飛曹 栗田 道昭 二飛曹 北村 武良	三飛曹 伊藤 平吾 一飛 田尻 直善	一整曹 坂口 春香 一整 上村三次郎	
					2	一飛 岡田 長義 一飛 山下 秋治	一飛曹 堀田 邦夫 二飛 清水 正一	三飛曹 畑 信雄 一飛 三浦 徹市	一整曹 五十嵐三二 三整曹 井出 金一	
					3	二飛曹 新木 武 一飛 辻岡 義弘	一飛曹 木村 高治 二飛 川路 豊	二飛曹 今田 新三 一飛 大羽 勝文	一整曹 堤 浩	
	第二中隊	大尉 東森隆	第一小隊	飛曹長 渡辺福松	1	大尉 東 森隆 一飛 高崎 宗之	飛曹長 渡辺 福松	二飛曹 鳩宿 厳 一飛 垂門 実 一飛 高 信栄	一整曹 北池 蝶一	
					2	一飛曹 藤田 数夫 三飛曹 鹿島長重郎	二飛曹 浅野 柳三	三飛曹 用下 忠孝 一飛 木伏 次郎	二整曹 森 安義	
					3	一飛曹 秋吉 清 一飛 山本 泉	一飛曹 古沢 啓一 一飛 加藤 寿美	二飛曹 石黒 酉夫 一飛 依馬 孝雄	二整曹 石田 虎雄	
			第二小隊	飛曹長 高松直一	1	飛曹長 高松 直一 三飛曹 今村文三郎	一飛曹 早川 正	三飛曹 柳沼文三郎 一飛 三城 政徳	二整曹 河田 孫七	
					2	一飛 後藤 透 一飛 小山 行夫	一飛曹 市川 進一 一飛 竹村 国一	三飛曹 中里 伊助 三飛曹 筒井 侑	二整曹 三井 熊一	九一式航空魚雷改二26本
					3	欠				
			第三小隊	飛曹長 松尾常吉	1	一飛曹 佐々木秀夫 一飛 広中弥ェ門	飛曹長 松尾 常吉 一飛 中野 武雄	三飛曹 小谷内良平 一飛 高橋 光雄	一整曹 山崎 利夫	
					2	二飛曹 北村 利秋 二飛曹 尾崎 順道	一飛曹 江蔵 哲二 二飛 竹尾 茂信	二飛曹 桜田 新 一飛 岡崎 正栄	二整曹 宮原喜久治	
					3	二飛曹 芥 広海 三飛曹 木下 光三	二飛曹 内田 利治 二飛 渡久山 肇	二飛曹 井上 孝 一飛 小山 良一	二整曹 河野 三郎 二整曹 上村栄次郎	
	第三中隊	大尉 壹岐春記	第一小隊	飛曹長 矢萩友二	1	大尉 壹岐 春記 一飛曹 安藤 良治	飛曹長 矢萩 友二 一飛曹 前川 保	一飛曹 山田 芳男 一飛 佐藤 一二	三整曹 高橋 正雄	
					2	二飛曹 桃井 敏光 一飛 池田 享	一飛曹 山本 福松	三飛曹 田中 義勝 一飛 佐藤金次郎	一整曹 野々 茂 三整曹 名倉良夫	自爆戦死
					3	二飛曹 田植 良和 一飛 阿部 芳房	一飛曹 中島 勇壮	三飛曹 佐々 千年 一飛 三吉 十一	一整曹 山浦 茂夫 二整曹 青山 勝	
			第二小隊	中尉 畦元一郎	1	中尉 畦元 一郎 三飛曹 東 秀一	一飛曹 加藤 公平 二飛 岩元 正夫	二飛曹 山地八十八 一飛 能見 宏	一整曹 佐藤 信次 二整曹 桜久保善昭	
					2	二飛曹 根津 弘史 一飛 神園 六之	一飛曹 泉沢 勝 二飛 凝 重清	一飛曹 小田原義隆 一飛 藤田 宗平	二整曹 杉山 憲三	
					3	三飛曹 富樫 留八 一飛 石田 寿光	二飛曹 佐藤 義雄 二飛 津田 性一	三飛曹 峰平 三次 一飛 西山 由正	一整曹 井上万次郎	
			第三小隊	飛曹長 岡田平治	1	一飛曹 芦田 一夫 二飛曹 伊藤 順平	飛曹長 岡田 平治	一飛曹 高田 康治 三飛 石川 義治	一整曹 川島 柳伍 二整曹 隠居 正人	
					2	飛曹長 小谷 立 二飛曹 福重 義徳	一飛曹 吉田 永 二飛 門脇 正一	三飛曹 町田 忠男 一飛 布花原正行	二整曹 田中 明	
					3	三飛曹 松岡 数男 一飛 松下 俊夫	一飛曹 田中 実 三飛 井上 鉄二	三飛曹 矢舗 賢三 一飛 岡崎 正純	一整曹 田口富三郎	

Organizational chart of the Kanoya Kokutai (December 10, 1941)

特設水上機母艦兵力も加わった。

陸攻隊は、各航空隊ごとに甲、乙、丁空襲部隊と称され、サイゴン、およびツダウム基地に展開し開戦を待った。これら3隊の編成から開戦直前までの略歴を辿ると以下のようになる。

●元山航空隊

昭和15（1940）年11月15日に編成された陸攻、艦戦の混成部隊で、九六式陸攻を装備し、定数は36機だった。翌年1月、第11航空艦隊の新編にともない、その隷下の第22航空戦隊に編入された。

司令は前田孝成大佐、飛行長は薗川亀郎少佐で、飛行隊長は中西二一少佐。隊員の多くが、日中戦争に参加した実戦経験の豊富なベテランで、石原大尉、牧野大尉、二階堂大尉、高井大尉の各中隊（分隊）長以下、小柳津飛曹長、野村中尉、小沼飛曹長、山崎飛曹長、鵜沼飛曹長ら、一騎当千の強者分隊士が揃っていた。

16年8月、大陸での作戦を終了して原駐地の朝鮮・元山に帰還し、機材、人員の補充を行ったのち、10月末には海南島・三亜基地、11月17日には仏印のサイゴン基地に移動して、南シナ海、シャム（タイ）湾方面の偵察、哨戒任務をこなしながら、開戦に備え、周辺を航行中の味方駆逐艦『羽風』などを仮想目標にして、雷撃訓練に励んだ。

●美幌航空隊

昭和15年10月1日、北海道の美幌基地で編成された陸攻、艦戦装備の混成部隊で、16年1月、元山空と同じ第22航空戦隊に編入された。陸攻隊は、日中戦争の歴戦部隊として知られた旧第13航空隊の機材、人員を基幹として編成され、九六式陸攻48機を装備定数にした。

9月、中国大陸から千葉県・館山基地に帰還し、ここで新機材、人員の補充を受けたのち、10月に九州・大村を経由して台湾の台中に移動した。

司令は近藤勝治大佐、飛行長は今川福雄少佐で、飛行隊長は柴田弥五郎少佐。隷下4個中隊（分隊）の長には、それぞれ白井大尉、武田大尉、大平大尉、高橋大尉が補された。

高谷飛曹長、赤池飛曹長、稲田飛曹長、仲中尉、酒井飛曹長の各分隊士も、日中戦争以来のベテランで、隊員のレベルは、極めて高かった。

陸攻隊は、洋上航法を中心に、計器飛行、夜間飛行、雷撃訓練を精力的にこなし、高雄沖を航行する輸送船団を仮想目標にして襲撃演習を行い、大陸の福州爆撃に参加するなど、実戦感覚の習得にも務め、11月28日、海南島・三亜基地を経由し、仏印のサイゴン近郊ツダウム基地に移動した。

8

8.マレー沖海戦の主役となった、第一航空部隊の基地、仏印のサイゴン飛行場パノラマ写真。開戦直前の撮影で、滑走路を挟んだ手前に、元山航空隊の九六式陸攻が列線をつくっており、右遠方には陸軍のAT輸送機、百式司偵の姿も見える。手前に1機だけ写っている単発機は、台南空から分遣された第22航空戦隊司令部付属戦闘機隊の零戦二一型。

9.こちらは、第一航空部隊の美幌空、鹿屋空が展開したツダウム基地の宿舎。写真は美幌空のそれを示し、前線基地のこととて、厩舎を転用した「にわか宿舎」で、とても上等なものとはいえなかった。

8. A panorama photo of the air base at Saigon, home of the First Koku butai. The Type 96s of the Genzan Koku-tai are visible on the near side of the runway. In the right background are Type 100 Command Recon. planes. The single, single-engined plane visible is a Zero 21 attached to the 22nd Koku-sentai's HQ, which has been dispatched from Tainan.

9. Crew housing for the Bihoro and Kanoya Koku-tai's at Tsudaumu.

9

●鹿屋航空隊

マレー沖海戦に参加した3個陸攻隊のなかではもっとも古く、日中戦争前の昭和11（1936）年4月1日に、鹿児島県・鹿屋基地で開隊した。艦戦隊も付属する混成部隊で、日中戦争勃発直後の、有名な渡洋爆撃時には、陸攻1.5隊（九六式陸攻）を有し、その後は13年末にかけて、主として中支方面の航空作戦に参加した。

昭和16年9月、高雄空につづいて新鋭一式陸攻への改変に着手し、1月下旬には、6個中隊計72機を装備定数とする大陸攻隊に生まれ変わった。

司令は藤吉直四郎大佐、飛行長は入佐俊家少佐、飛行隊長は宮内七三少佐で、隷下6個中隊（分隊）長には鍋田大尉以下、東森大尉、壹岐大尉、森田大尉、池田大尉、田中大尉がそれぞれ補され、柳沢飛曹長、須藤飛曹長、西川飛曹長、矢萩飛曹長ら、中攻隊生え抜きのベテラン分隊士らが彼らを支えていた。

鹿屋空が隷属する第21航空戦隊は、フィリピン進攻部隊に予定され、台湾の台中基地に移動したのだが、12月2日、イギリスの戦艦2隻がシンガポールに到着したとの情報をうけた上層部が、仏印方面の戦力を強化するため、半数の3個中隊27機を第一航空部隊指揮下に編入し、3日後の12月5日サイゴン、次いで7日には近郊のツダウムに移動して開戦を迎えた。

◎太平洋戦争開戦とマレー半島進攻

来る12月8日午前0時をもって、太平洋戦争開戦とすることを決定した大本営は、その4日前の12月4日午前6時20分（以下、0620と略記する）、マレー半島攻略部隊たる陸軍第25軍の先遣兵団を乗せた輸送船団18隻を、海南島の三亜から出港させた。

すでに、イギリス東洋艦隊のシンガポール到着の情報も入手していたため、輸送船団には海軍の南遣艦隊の主力、小沢治三郎中将率いる重巡洋艦5隻、軽巡洋艦1隻、駆逐艦14隻、駆潜艇1隻から成る、有力な護衛部隊が随伴した。

特設水上機母艦3隻で構成された第二航空部隊は、その搭載機をもって輸送船団上空の哨戒任務にあたり、仏印に展開した陸攻隊も、長駆洋上に出動し、南シナ海、シャム（タイ）湾方面などを哨戒した。

6日1345、敵側を欺くため、仏印からタイに向かうコースをとった輸送船団は、マレー半島のコタバルから発進した、オーストラリア空軍第1飛行隊のハドソン哨戒機3機に発見されてしまったが、報告を受けたイギリス軍の司令部は、航行進路を鵜呑みにして、マレー半島には来ないと判断し、これを見逃してしまった。

それはともかく、開戦前にこちらの動きを敵側に察知され、奇襲上陸が不可能になることをもっとも恐れていた日本側は、南遣艦隊司令長官小沢中将の命で、仏印に駐留していた第22航戦司令部に対し、このハドソン哨戒機の即時撃墜を命じ、ソクトラン基地から零戦2機、陸偵1機が発進した。しかし、これらは敵機を発見できずに引き返した。

7日、輸送船団の周辺海域を警戒していた第

■太平洋戦争開戦時の南部仏印における陸海軍航空部隊の展開と配備機数 Distribution and strength of Army and Navy air units in Southern Indochina at the time of Pearl Harbor

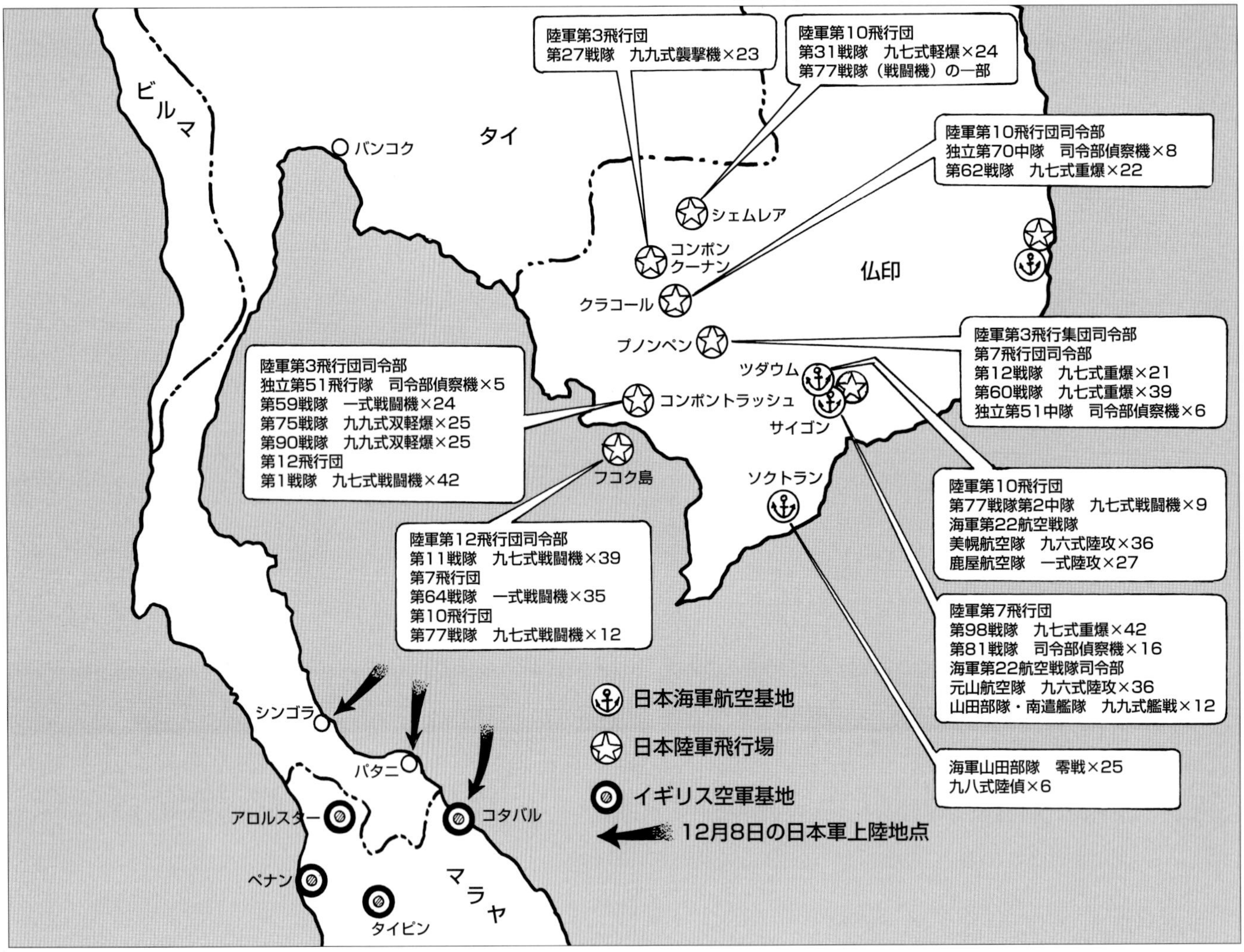

二航空部隊の水上機母艦『神川丸』の搭載機零式水偵は、0820、フコク島の南方でイギリス空軍のカタリナ飛行艇と遭遇、船団に接触されぬよう巧みに牽制し、引き離しに成功した。

1015、このカタリナ飛行艇は、船団上空直衛任務にあたっていた、陸軍飛行第1戦隊の九七式戦（窪谷編隊）により撃墜された。

1030、船団は予定どおり「G点」と呼称された地点に到達し、それぞれの上陸地に分かれて分散していった。マレー半島に接近するにつれ、イギリス側偵察機にも船団を発見する機会はあったのだが、悪天候に阻まれるなどして叶わなかった。

12月8日未明、タイ領シンゴラ、パタニ、およびイギリス領マラヤのコタバルの3地点に上陸を開始した陸軍部隊は、それぞれの定められたコースで南進し、最終目標地のシンガポールを目指すことになっていた。

シンゴラ、パタニに向かった部隊は、敵側からほとんど抵抗らしいものも受けずに上陸できたが、コタバルに向かった陸軍第18師団は、イギリス軍の激しい抵抗に合い、郊外の飛行場から緊急出動してきた航空機の爆撃により、輸送船1隻を撃沈され、2隻が大破する被害を被ったものの、ほどなく飛行場を占領することに成功、翌9日にはコタバル市街を制圧して南進を開始した。

◎イギリス東洋艦隊出撃す

開戦2日目の9日、仏印に展開する海軍第一航空部隊は、早朝からシンガポール方面の偵察、陸軍第18師団の進撃路にある、マレー半島東岸のクアンタンの爆撃などを実施した。

すでに、8日未明に第一航空部隊機により、シンガポールを爆撃されていたイギリス側は、日本軍のマレー半島進攻を予測していたが、シンゴラ、パタニ、コタバルに上陸したとの報告を受けると、東洋艦隊「Z部隊」のフィリップス司令官は、ただちに『プリンス・オブ・ウェールズ』、『レパルス』、および駆逐艦4隻に出動を命じた。

1905、シンガポールのセレター軍港を抜錨した艦隊は、北東に進路をとり、アナンバス諸島の南東で変針して北に向かった。

この海域には、開戦に備えて日本海軍潜水艦の哨戒線が張られており、9日1300すぎ、第5潜水戦隊の伊64潜（艦長：原田毫衛少佐）がZ部隊を発見、ただちに「敵レパルス型戦艦二隻見ユ、地点コチサー一、進路三四〇度、速力一四ノット、一五一五」を打電し、追跡を開始したが、悪天候のため、見失ってしまう。

いっぽう、第一航空部隊偵察機の写真解析により、Z部隊の出港を知った南遣艦隊司令長官小沢中将は、ただちに隷下部隊に索敵攻撃を下命する。

第7戦隊の重巡『熊野』『最上』『鈴谷』が搭載する水上偵察機は、1835から2016にかけて、

10

11

10.サイゴン基地エプロンに駐機する愛機、九六式陸攻二型を背に、二五番爆弾運搬車に腰掛けてポーズをとる、元山空の山田信吉 二飛曹。操縦室天井、各銃座窓の開状態や、二五番爆弾、同運搬車などのディテールが分かる、資料性に富む一葉だ。山田二飛曹は、マレー沖海戦時には、甲空襲部隊の第2中隊第1小隊3番機の正操縦員として、雷撃を担当した。

11.元山空の九六式陸攻操縦室を後方より見る。この機体は雷装仕様で、正面主計器板上方に雷撃照準器装備用の横棒が取り付けてある。右側の空席が正操縦員席、左は副操縦員。風防天井の開閉窓などのディテールに注目。

12.基地に駐機する元山空の九六式陸攻二型を、僚機の操縦席窓越しに見る。他ではあまり見られないアングル写真で、右手前のプロペラ・ハブまわりもはっきり分かる。左右の黒い窓枠は開閉窓枠で、ガラス窓が半分ほど下がっている。中央の黒丸は、開閉窓の取っ手。

10. A pilot poses with his foot on a #25 (250kg) bomb dolly in front of his Type 96 Model 22. This plane was involved in torpedo attacks in the action against Force Z.

11. A view inside the cockpit of a Type 96 of the Genzan Koku-tai seen from the rear. This aircraft is equipped for torpedo attacks; note the horizontal bar that has been attached to the top of the instrument panel. This is for mounting the torpedo sight.

12.A Genzan Koku-tai Type 96 Model 22 seen parking from the window of another plane of the unit.

12

13

13.南国の強烈な太陽光の直射とスコールから機体を守るため、操縦室、発動機ナセル、プロペラ・ハブに覆いを被せて駐機する美幌空所属の九六式陸攻二型。胴体下面には、すでに二五番（250kg）爆弾が懸吊済みであり、出撃準備は整っている。主車輪に被せた金属製覆は、防暑用というより、発動機関係から漏れる油で、タイヤが劣化しないようにするためのもの。他の写真ではあまり確認できないので貴重な一葉といえる。太陽光を反射して輝く、無塗装ジュラルミン地肌の下面が印象的。

14.ツダウム基地に駐機する、美幌空の九六式陸攻二型「M-322」号機。垂直尾翼の細い横帯（白）は第1中隊を示す。本機の機長は、偵察員の長嶺惣弥一飛曹で、マレー沖海戦には、乙空襲部隊第5中隊第52小隊2番機として参加し、二五番爆弾によりレパルスを編隊爆撃した。

14

13. Another Type 96 Model 22, this one of the Bihoro Koku-tai. Note the covers over the glazing, engine cowl and propeller hub.

14. Here's "M-322," a Type 96 Model 22 of the Bihoro Koku-tai seen at Tsudaumu. This aircraft bombed Repulse with 250kg bombs.

それぞれZ部隊への触接に成功し、位置を打電してきたが、マレー半島の我が上陸部隊を攻撃するための出動と思っていたのに、進路を北にとったまま航行するZ部隊の真意を計りかね、また、隷下主力部隊との距離が開くばかりの状況に困惑していた。

そして、2058、Z部隊と並進する形に変針し、誘致作戦を断念した。

日本軍の水偵に触接され、自分たちの存在が知られ、シンゴラ、パタニ方面の上陸部隊を奇襲攻撃する機会が去ったと判断したフィリップス中将は、2145、シンガポールに戻るために180度変針し、南下を始めた。

これに先立って、Z部隊発見の情報をうけた仏印展開の第一航空部隊は、1800、まず美幌空の索敵機3機が、次いで1815には、鹿屋空の、宮内少佐指揮する一式陸攻18機（雷装／爆装）が、それぞれツダウム基地から発進した。

さらに、サイゴン基地では、中西少佐に率いられた元山空の九六式陸攻17機（雷装）が、該当海面めざして発進していく。

2130、美幌空の索敵機（九六式陸攻、指揮官：武田八郎大尉）は、雨中飛行を続ける最中に、暗い海面上を走る2条の航跡を発見、ただちに「敵艦見ユ、オビ島ノ一五〇度、九〇浬二一三二」を打電し、吊光弾を投下して追跡を開始した。

しかし、彼らが発見したのは、イギリス艦隊を索敵中の味方艦、南遣艦隊司令長官小沢中将が座上する旗艦重巡『鳥海』と駆逐艦『狭霧』の2隻だった。

接近して来た航空機が友軍機であると判断した『鳥海』は、発光信号と探照灯の点滅により味方艦であることを知らせたが、索敵機は依然として追跡行動をやめる気配がなかった。

このままでは、いずれ同士討ちになると察した『鳥海』は、仏印の第一航空部隊司令部宛に平電文で「中攻三機鳥海上空ニアリ、吊光弾下ニアルハ鳥海ナリ」と打電した。

15

16

15.南遣艦隊旗艦として、イギリス艦隊の索敵に奔走した、重巡洋艦『鳥海』。

16.イギリス艦隊を最初に発見した、第5潜水戦隊の伊号第65潜水艦。

15. The heavy cruiser "Chokai," the flagship of the force searching for the British ships.

16. "I-65" of the 5th Submarine Force, which was the first Japanese vessel to locate the British force.

索敵機は、なおも1時間にわたって2隻を追跡していたが、やがて基地から「味方上空、引キ返セ」の無電を受信し、ようやく追跡をやめて引き返した。しかし、指揮官武田大尉は、なおもこの無電は、敵側の欺瞞手段ではないかと信じて疑わなかったようだ。

この3機の索敵機が、味方艦に吊光弾を投下した2100ごろ、南遣艦隊主力とZ部隊の距離はわずか30〜50浬しかなく、夜間であったものの、天候がよければ、吊光弾を認められたはずであり、あるいは艦隊同士の激しい砲撃戦が展開したかもしれなかった。

雷装、爆装して攻撃に向かった美幌、元山、鹿屋空の九六式、一式陸攻も、敵艦を発見し得ず、南下するにしたがって悪化するばかりの天候のせいで、編隊を維持するのも困難になったため、止むなく引き返していた。

通常、魚雷、爆弾を装備したままでの着陸は非常に危険であり、まして夜間の着陸ということもあって、これらはあらかじめ海上に投棄してしかるべきだったが、とりわけ、魚雷は個々に調整が異なって再装備には手間を要することと、何より手持ちの数が少なかったこともあって、全機がそのまま着陸した。

幸い、事故は一件も起きず、上層部をホッとさせたが、それだけ、各搭乗員の技量レベルが高かったことの証であった。

着陸した雷装機は、準備線に導かれた後も、魚雷運搬機を機体下面につけたままにされ、翌朝の出撃のために即時待機の形をとり、乗員はつかの間の仮眠をむさぼった。

日付が変わって、12月10日、0000すぎ、Z部隊はシンガポールの司令部から「日本軍がクアンタンに上陸した」との無電を受信し、これを攻撃するために、0145、フィリップス中将は180度変針したが、まもなく、これは誤報と分かり、再び南下に転じた。

0122、新しい哨戒区に向かうため、浮上航行していた伊号第58潜水艦は、月明かりの下、自艦の右20度、約600mの至近距離に、突然、姿を現した2つの艦影に驚き、急速潜航して潜望鏡により確認したところ、イギリス艦隊であることが分かり、ただちに無電を発信するとともに、魚雷攻撃の準備にかかった。

間もなく、イギリス艦隊は西方に大きく180度変針したことから、伊58潜にとって絶好の雷撃チャンスが到来、一斉射を試みたが、うち1門の発射管扉が故障して開かず、この対応に追われるうちに発射時期を逸し、目標を2番艦(レパルス)に変更し、5本を発射したが、結局1本も命中しなかった。

伊58潜は、その後、0615まで追跡をつづけたが、やがて見失ってしまう。

◎運命の日

12月10日の夜が明けた。イギリス艦隊はマレー半島沖の南シナ海上を航行している。

昨夜の攻撃は悪天候に阻まれて不発に終わったが、今日は、かならず敵艦隊を捕捉・撃滅しなければならぬ。仏印展開の第一航空部隊は、決意をあらたに出撃準備にかかる。

航空隊ごとに、それぞれ甲、乙、丙、丁空襲部隊と命名された各隊の編成は、別表①〜③に示したようなものだったが、それらを簡略にまとめると以下のごとくなる。

●甲空襲部隊(元山航空隊)九六式陸攻

雷撃隊2個中隊　九一式改一魚雷各1
爆撃隊1個中隊　五〇番(500kg)通常爆弾各1
索敵隊1個中隊　六番(60kg)陸用爆弾各2

●乙空襲部隊(美幌航空隊)九六式陸攻

爆撃隊1個中隊　二五番(250kg)通常爆弾各2
爆撃隊2個中隊　五〇番(500kg)通常爆弾各1
雷撃隊1個中隊　九一式改一魚雷各1

●丁空襲部隊(鹿屋航空隊)　一式陸攻

■九六式陸上攻撃機二型（のちの二二、二三型）

A Type 96 Model 2 Land Bomber (later known as Model 22 or 23).

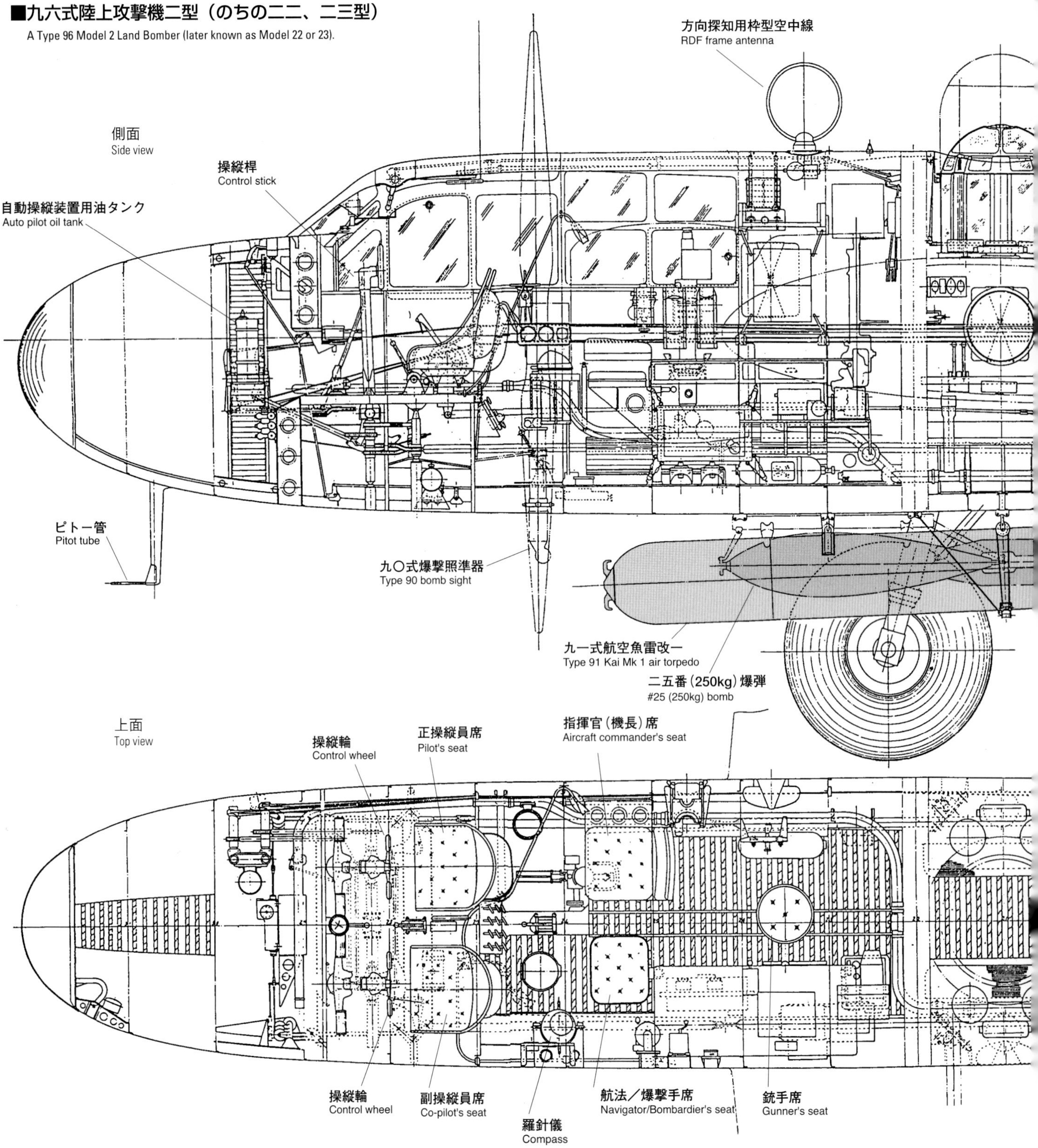

兵装艤装全般図
Type 96 Armament Diagram

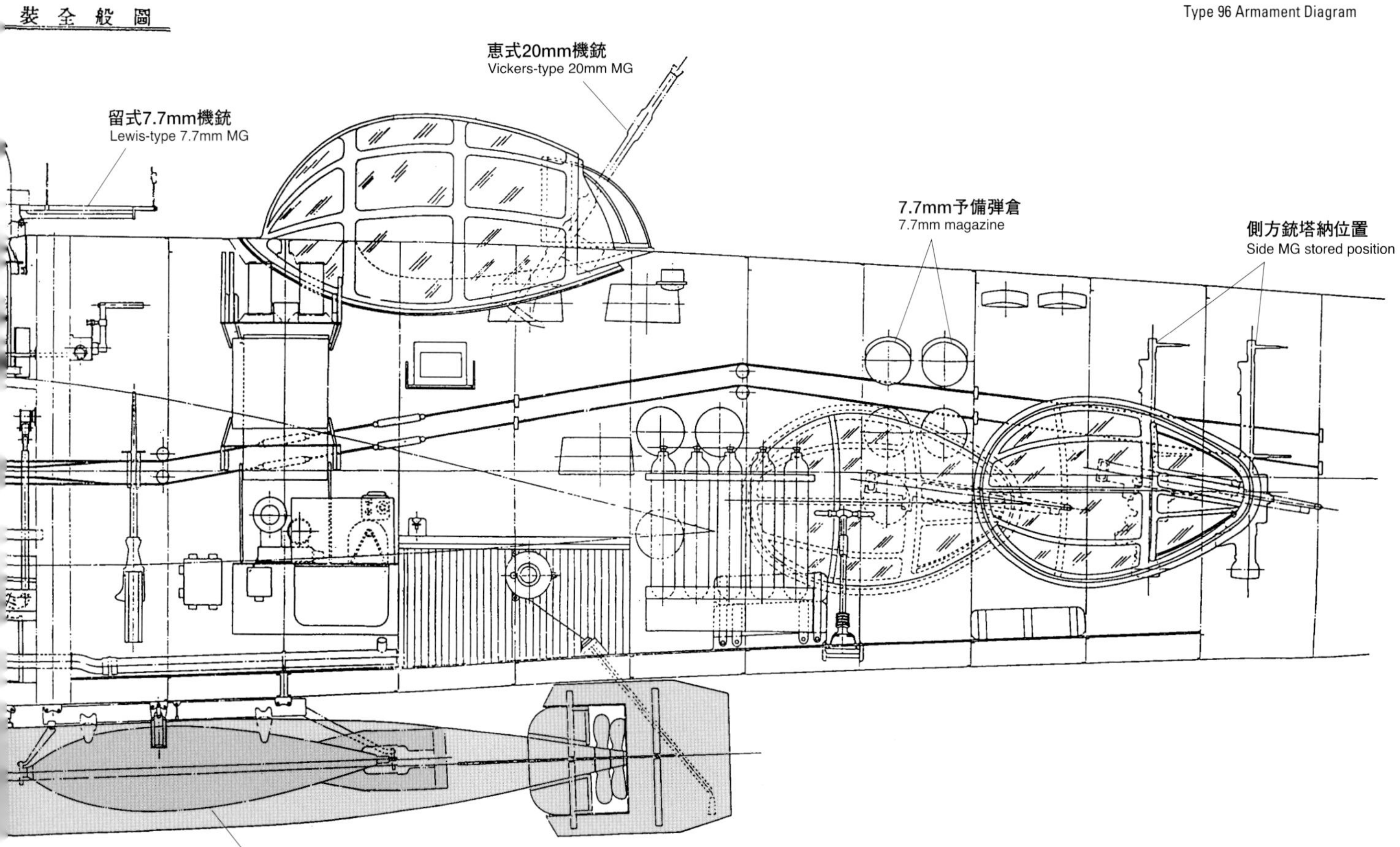

装全般圖
恵式20mm機銃
Vickers-type 20mm MG
留式7.7mm機銃
Lewis-type 7.7mm MG
7.7mm予備弾倉
7.7mm magazine
側方銃塔納位置
Side MG stored position
⑤九一式航空魚雷改一

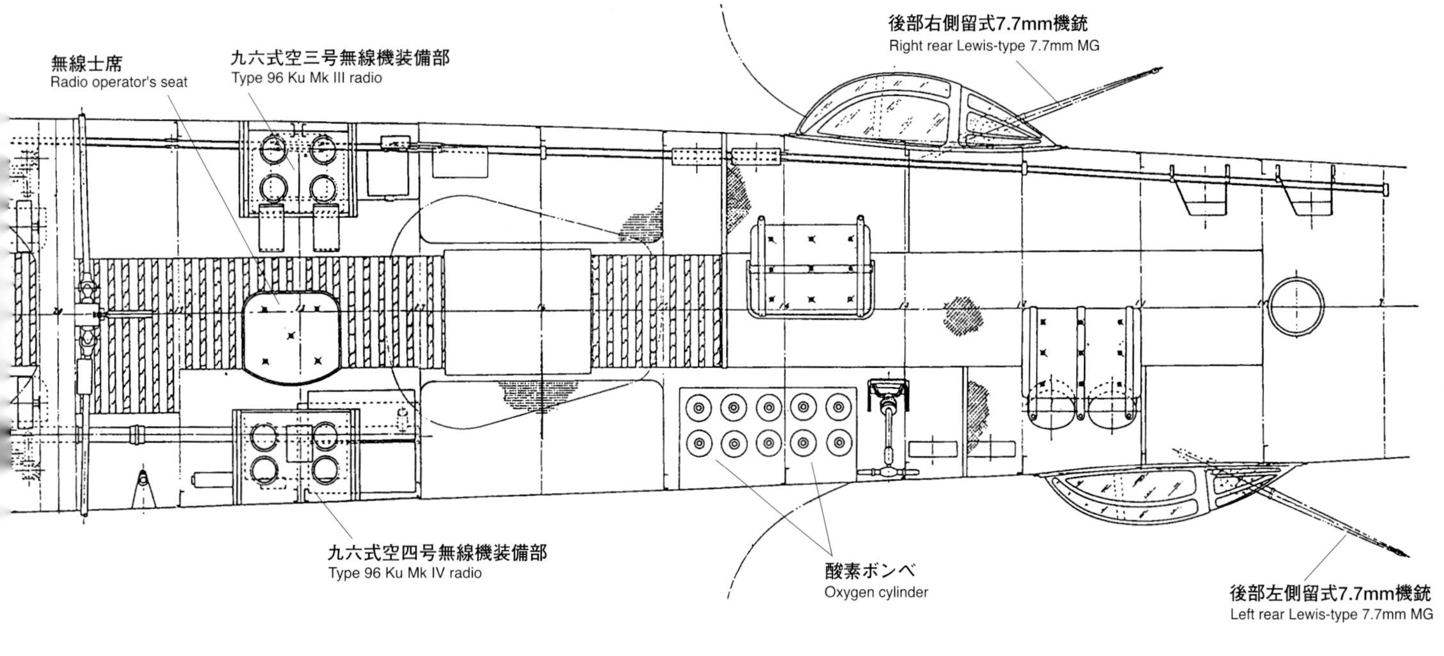

後部右側留式7.7mm機銃
Right rear Lewis-type 7.7mm MG
無線士席
Radio operator's seat
九六式空三号無線機装備部
Type 96 Ku Mk III radio
九六式空四号無線機装備部
Type 96 Ku Mk IV radio
酸素ボンベ
Oxygen cylinder
後部左側留式7.7mm機銃
Left rear Lewis-type 7.7mm MG

17

17.地上員の「帽振れ」に見送られ、サイゴン基地を離陸滑走する元山空の九六式陸攻。マレー沖海戦に参加した3個陸攻隊のうち、元山空の出撃がもっとも早く、0755に離陸を開始した。

17. A Type 96 of the Genzan Koku-tai takes off from Saigon as ground crew wave.

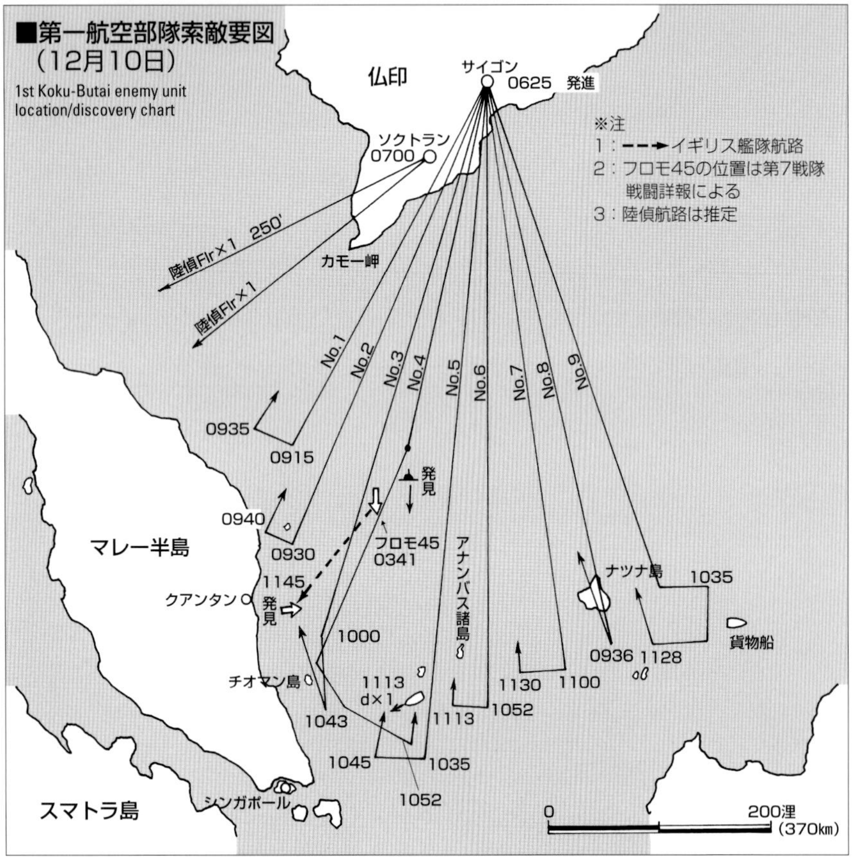

雷撃隊3個中隊　九一式改二魚雷各1

●丙空襲部隊

23航空戦隊司令部　索敵機（九八式陸偵）2機

早朝0625、まず甲空襲部隊の索敵中隊9機がサイゴンを発進した。指揮官、牧野滋次大尉は、索敵範囲をサイゴンの南方160°〜216°の間とし、進出距離500浬、側程左40浬の単機索敵として、3、4番索敵線の開度は2°、他を平均して7°と定め、9コースを設定した（上図参照）。

伊号第58潜水艦の発見情報「フロモ45（サイゴンの南方350浬を示す暗号）」から判断すると、索敵機の速度を120節（222km/h）に設定すれば、1000ごろには捕捉できる、と考えられた。指揮官、牧野大尉は4番、その隣の3番索敵線は帆足正音予備少尉機が受け持った。

0700、ソクトラン基地から丙空襲部隊の九八式陸偵2機が、さらに第二航空部隊の水上機母艦からも、計8機の水偵が索敵のため発進して、イギリス艦隊を求めて散っていく。

0755、索敵機から敵艦隊発見の報の届かないうちに、サイゴン基地では先陣をきって元山空の九六式陸攻26機が、早朝の空へ飛び立っていった。司令官、前田孝成大佐は、戦場視察のため、特別に許可を得て第3中隊第2小隊1番機（野村中尉機）に搭乗しており、このことからも、本日の出撃が如何に重要だったかが察っせられよう。

約20分後の0814、ツダウム基地からは、鹿屋航空隊の一式陸攻26機が、宮内七三少佐に率いられて発進した。各機は、それぞれ九一式改二魚雷1本を懸吊していたが、この魚雷は、九六式陸攻が用いた九一式改一に比べて炸薬量が多く、浅海面での使用に適したタイプだった。各中隊は間隔をあけた編隊で、進路180度（真南を示す）、高度3,000mで進撃する。

鹿屋空につづき、ツダウム基地からは、美幌空の九六式陸攻が、各中隊ごとに少し間隔をあけて発進した。

0820、まず爆装の第6中隊8機、0845には雷装の第8中隊8機、0855には爆装の第5中隊8機、殿の第7中隊爆装9機が発進したのは0930だった。これほど発進に時間がかかったのは、第5中隊は、当初、索敵任務を課せられていたのを、五〇番爆装に、第7中隊は雷装作業にかかったのち、爆装への変更を命じられ、出撃準備が整うのに手間取ったためだった。

そのため、美幌空の空中集合は不可能となってしまい、中隊ごとの進撃となってしまった。

このとき、先発の鹿屋空は、370kmも先を飛行していた。

◎修羅の海

0900、第一航空部隊の指揮をとる第22航空戦隊司令官松永貞市少将は、イギリス艦隊が依然として南下中と判断し、索敵機の進出距離を600浬に延ばすことにし、第4、5、6番機にその旨、打電した。しかし、索敵機からは気象報告が入ったのみで、敵艦隊はまだ発見できない。

だが、1043、第3番索敵機（帆足正音予備少尉機）が、チオマン島の南南東約30浬で北北西方向に変針し、マレー半島に沿って約1時間ほど飛行すると、左前方海面に白い航跡を発見した。ただちに偵察員の鷲田光雄飛曹長が双眼鏡より艦型を確認したところ「主砲が4連装であり、イギリス艦隊に間違いない」と叫んだ。ついに発見したのである。

帆足少尉機からは、電信員の平尾要一一飛曹によりすぐさま「敵主力見ユ、北緯四度、東経一〇三度五五分、進路六〇度、一一四五」の無電が発せられた。

美幌、元山空の両隊は、この甲電波を直接受信し、針路を該当地点に変更したが、鹿屋空と元山空の爆装隊はこれを受信できず、攻撃参加に遅れを取ってしまった。両隊が基地からの転電を受信したのは、1時間15分もあとの1300ごろである。

敵艦隊に接触をはじめた帆足機からは「敵主力ハ三〇度ニ変針ス、一一五〇」、「敵主力ハ駆逐艦三隻ヨリ成ル直衛ヲ配ス、航行序列『キング』型、『リパルス』、一二〇五」と、状況が次々と打電され、もはや見失うことはなかった。

帆足機からの情報を受け、イギリス艦隊に最初にとりついたのは、乙空襲部隊の美幌空第5中隊（建制上は第1中隊）の爆装8機であった。同中隊は、当初は索敵隊として準備していたのだが、途中で爆装（各機二五番2発）隊に変更されたために発進に手間取り、ツダウム基地を離陸したのは0855、最後から2番目だった。しかし、この遅れが幸いし、南下し過ぎなかったために、帆足機の無電を受信して、ほぼそのまま、南下するとイギリス艦隊に最短距離で到達できたのだ。

同中隊は、1230にイギリス艦隊を発見し、南に廻り込んで反転すると編隊水平爆撃針路に入った。

■マレー沖海戦彼我戦闘行動図（昭和16年12月8日〜10日）

Diagram of Japanese unit movements against Force Z (December 8-10, 1941).

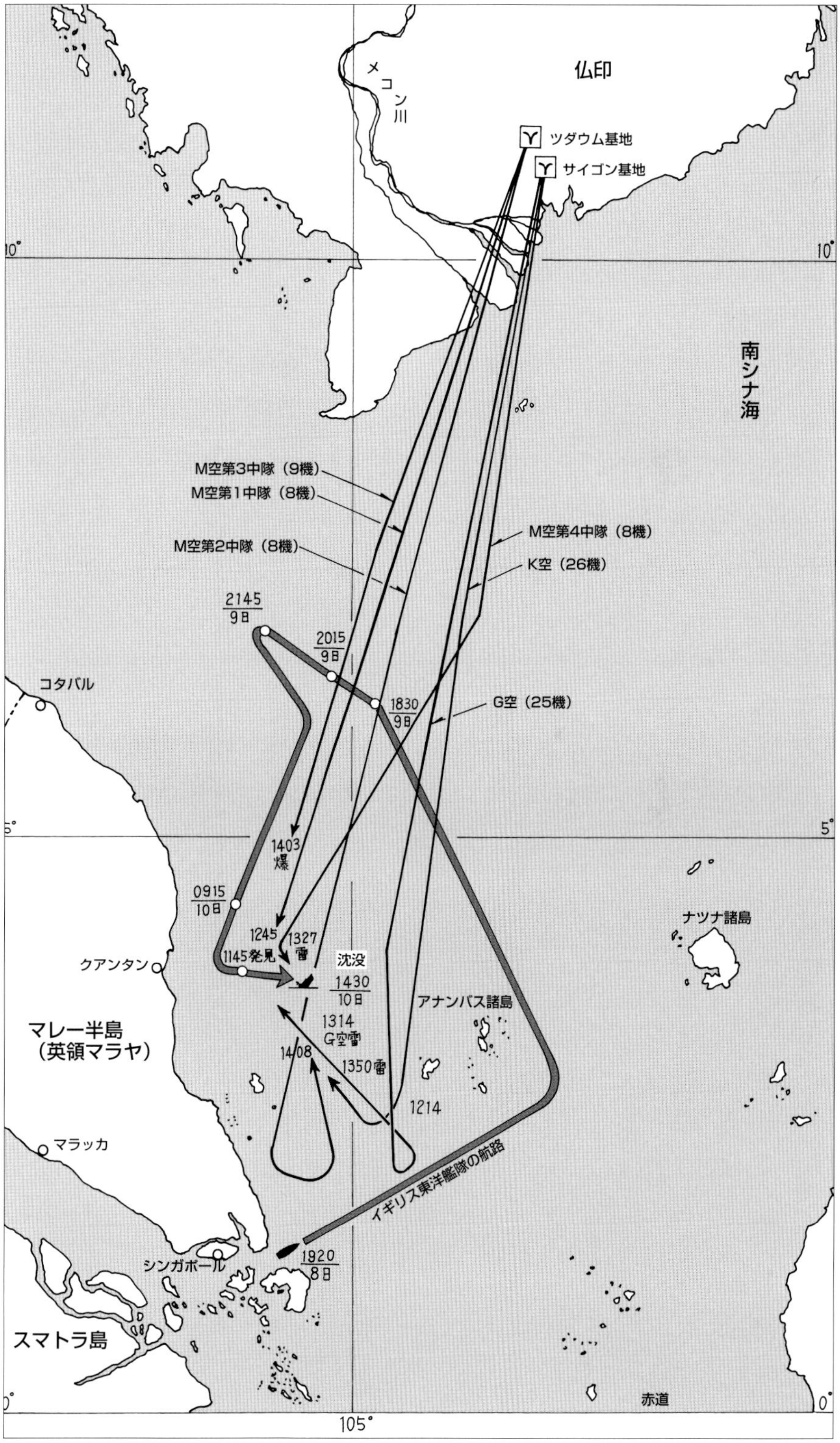

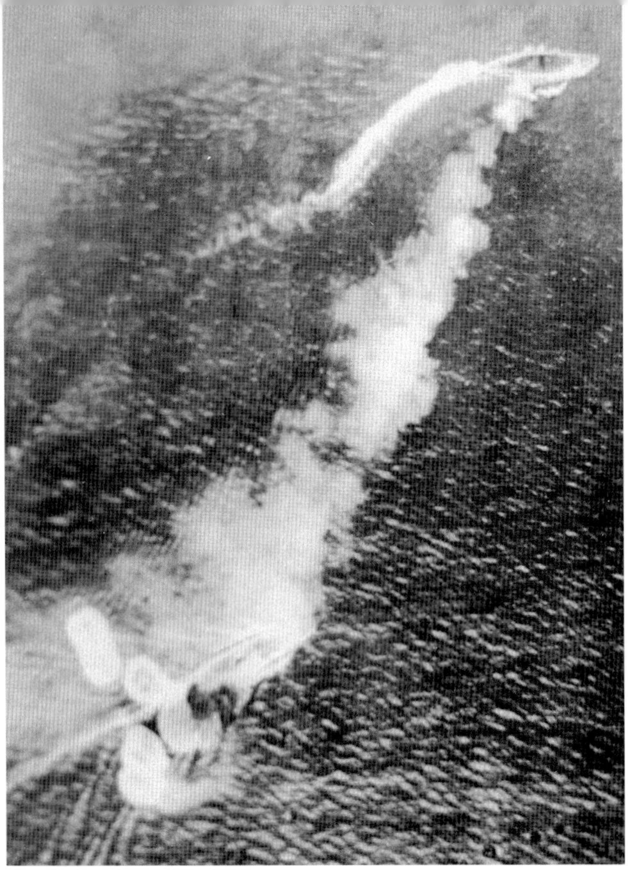

18

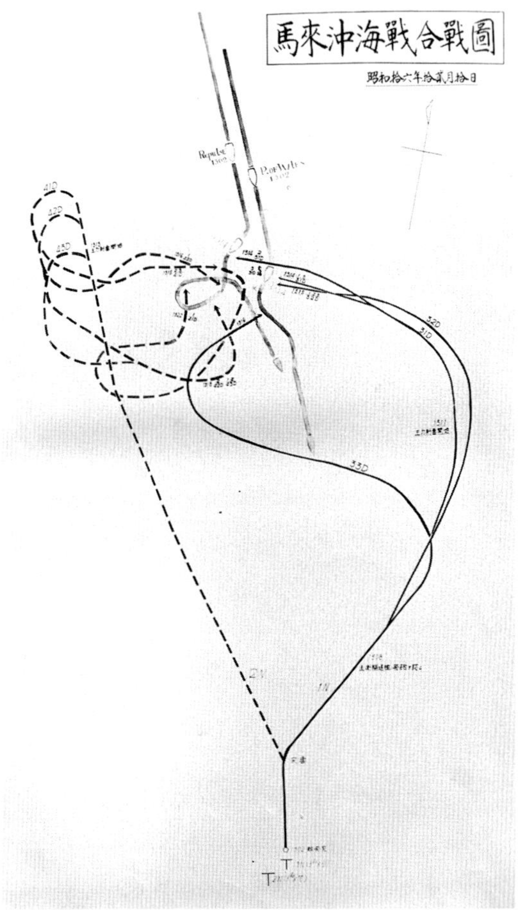

19

19.海戦直後、元山空が搭乗員の証言をもとに作成した、石原、高井両中隊の雷撃図。回避のために蛇行する2隻の戦艦の航跡と、小隊ごとの進入経路が克明に記されている。公刊戦史なども、すべて本図を参考に作図した。

19. A map of the attacks made by the Ishihara and Takai squadrons of the Genzan Koku-tai based on the reports of crewman after the attack.

18.マレー沖海戦時の日本側撮影写真は、現在までのところわずか2葉しか残されていない。本写真は、その2葉のうち、一般的にはよく知られたほうで、水平爆撃下のイギリス戦艦2隻の姿を捉えている。上方が『プリンス・オブ・ウェールズ』、下方が『レパルス』で、後者の周囲には弾着の波紋が密集している。この写真は、イギリス艦隊に第一撃を加えた、美幌空白井中隊の爆撃シーンともいわれるが、『プリンス・オブ・ウェールズ』も、すでに火災の煙をたなびかせており、もっとあとのシーンと思われる。

18. The two British capital ships being bombed. Note the bomb splashes around Repulse, at the top of the photo. Prince of Wales, at the bottom, is already on fire.

20.日本側撮影の写真のもう１枚がこれで、低空飛行する雷装機が撮ったものと思われ、左に、被害を受けて反航する2隻の戦艦（手前がプリンス・オブ・ウェールズ、後方がレパルス）、右下に高速で疾走する直衛駆逐艦が写っている。

20. The two ships, already damaged, maneuver as they attempt to avoid further hits. Prince of Wales is in the foreground. In the lower right, an unidentified British destroyer maneuvers at high speed.

20

21

22

23

24

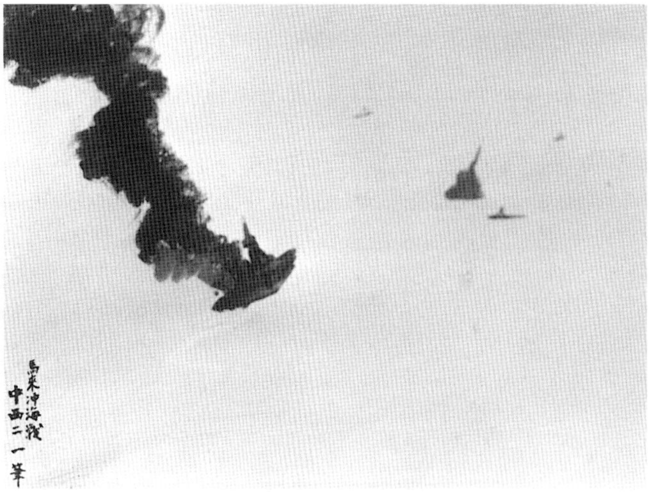

前記したようにマレー沖海戦を実写した日本側写真は、わずか2葉しか現存しておらず、その「空海が沸騰した」と形容されるほどの激戦を実感として捉えることはむずかしかった。それをいくばくかなりと補えそうな存在といえるのが、上に掲載した4葉のスケッチである。甲空襲部隊指揮官として参加した元山空飛行隊長中西二一少佐が、自身の目で見た状況を、帰還後にスケッチしたもので、想像して描く画家のものにはない緊迫感がある。資料的にも貴重なもので、今回が初公開と思う。

中西少佐は、海兵57期出身の爆撃専修飛行将校だけに、対空砲火の弾幕や、雷撃機の飛行状況、敵艦の動向などに鋭い観察力が見て取れる。

21はイギリス艦隊発見時の光景で、すでに『レパルス』は、美幌空白井隊の爆撃により、黒煙を曳いている様子もしっかり描いてある。

22は、『プリンス・オブ・ウェールズ』を目標に雷撃敢行した石原中隊の九六式陸攻で、単縦陣となって突撃する様がリアル。対空砲火の激しさも充分に伝わってくる。

23は、やや遠い距離から見た2隻の戦艦の対空砲火弾幕。1分間に6万発を発射できるポムポム砲の威力が分かろうというものだ。右遠方の『レパルス』は黒煙を上げており、艦体に施された欺瞞塗装まで、しっかりと描き込まれているのには恐れ入る。

24は、最期のときが近づいた2隻の戦艦で、手前は黒煙を噴き上げつつ大きく左に傾いた『レパルス』、右遠方には雷撃により機関損傷し、右に傾いた『プリンス・オブ・ウェールズ』が見える。傍の小艦は、救助のため同艦に横付けしようとする直衛駆逐艦。

21-24. Sketches of the action against Force Z as drawn by Lt. Cmdr Niichi Nakanishi of the Genzan Koku-tai based on his personal recollections.

中隊長、白井大尉機の搭乗員は、みな日中戦争以来のベテランで、主操縦員、高谷才治飛曹長、特爆出身の村上勝治二飛曹、爆撃手の今井勇吉一飛曹らが乗り込んでいた。

1245、8機は針路340度、高度3,000mで『レパルス』を目標にして爆弾投下、8発の二五番爆弾の水柱が同艦を包み込んだが、命中したのは1発のみで、2本の煙突の間に火災が発生したのが認められた。

イギリス戦艦の対空砲火は熾烈を極め、白井隊は5機がこれに被弾し、2機は燃料タンクと発動機をやられて基地に引き返していった。

1317、白井隊は高度4,000mから残る6機をもって、第二航過の爆撃を行ったが、これは1発も命中しなかった。

白井隊が第一航過爆撃を終えた直後の1302

25

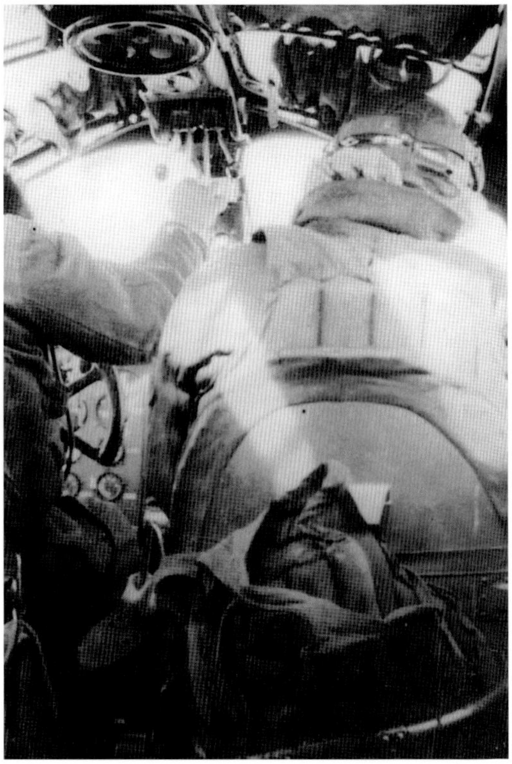

26

25.1個小隊3機の基本隊形で飛行する、元山空の九六式陸攻。この小隊3組9機で1個中隊が構成される。艦船を目標とした編隊水平爆撃の際は、3個小隊が三角形状に緊密な編隊を組み、一斉に爆弾を投下して捕捉する。

26.飛行中の美幌空所属九六式陸攻の操縦席を後方より見る。双発機とはいえ、本機の乗員室はかなり狭く、正、副操縦員は互いの肩が触れ合うほど接近して座る。副操縦員（左）が、天井枠に備え付けたスロットル・レバーを操作している。

25. Type 96s of the Genzan Koku-tai in the basic three-plane flight formation.

26. The interior of the cockpit of a Bihoro Koku-tai Type 96 seen in flight. The cockpit is extremely narrow for a twin-engined aircraft.

には、甲空襲部隊の元山空雷装16機がイギリス艦隊を発見した。同隊は敵艦隊と遭遇できず、あきらめて帰途につき、搭乗員たちは昼食の弁当を開けようとしていたときだった。前方左45度に、戦艦2隻、駆逐艦3隻の姿を認めたのである。指揮官、中西少佐は、ただちに攻撃目標を石原中隊、1番艦（『プリンス・オブ・ウェールズ』）、高井中隊、2番艦（『レパルス』）と指示し、1307、正面方向約10km/hの地点で突撃を下令した。

石原中隊は第1、第2小隊が左舷、第3小隊が右舷側に廻り込んで挟撃を試み、1314、石原中隊長機が魚雷を投下した。つづいて第1小隊2番機もこれに倣おうとしたが、目標が、回避するために転舵したことから射点を失ってしまい、急きょ、『レパルス』に照準を変更して魚雷を投下した。この直後、3番機が魚雷を投下したあとの退避中に対空砲火が命中し、海面に突っ込んで自爆した。

第1小隊のあと、第2、3小隊も次々に魚雷を投下し、1316には全機が攻撃を終了した。退避しつつ目標を見ると、舷側に2本の水柱が立つのが認められた。

1315、高井貞夫大尉に率いられた第2中隊は、2番艦の『レパルス』を目標にして、同艦の右舷側に廻り込み魚雷を投下したが、中隊長機は、懸吊具の不具合で落下せず、『レパルス』の前方を横切って右旋回し、再攻撃を期した。この直後、『レパルス』は右に転舵したため、第2小隊2番機、第3小隊1、2番機は、1317、同艦左舷側から雷撃する形になった。

1322、中隊長機もこれに続き、左舷側から狙ったが、今度はうまく魚雷が落下した。

攻撃後、中隊搭乗員が注視していると、『レパルス』に3本の水柱が立ち上がり、大きく傾斜するのも認められたが、ほどなく注水したためか傾斜は復元した。

白井、石原、高井各中隊の攻撃は、わずかの間隔をおいて次々に行われたため、ほとんど雷爆同時戦の形となった。

高井中隊長機が魚雷を投下する2分前の1320、乙空襲部隊の美幌空高橋中隊（雷装）8機がイギリス艦隊を発見し、『レパルス』に目標を定め、まず1317、中隊長機を含む5機が南東方向から進入して雷撃したが、中隊長機の魚雷は落下しなかった。

つづいて、1328に同じ左舷側から2機、残る1機が大きく右舷側に廻り込んで雷撃した。中隊長機は、1332、単機で左舷側から再進入を試みたが、今度も魚雷が落下せず、結局はそのまま基地に持ち帰る羽目になった。原因は投下器の整備不良ということだが、搭乗員にしてみれば、泣くに泣けない気持ちだったろう。

残念ながら、高橋中隊の放った魚雷7本は、『レパルス』の巧みな回避操艦によってことごとく外れ、1本も命中しなかった。

1340、『レパルス』のテナント艦長は、「ワレ操艦不能」の信号旗を掲げた『プリンス・オブ・ウェールズ』を見て、同艦の通信能力はすでに失われていると判断し、同艦に代わってシンガポールの司令部宛、「ワレ敵機ノ攻撃ヲ受ケツツアリ」と打電した。

これをうけて、1346、第243、および453飛行隊のバッファロー戦闘機12機が、救援のため緊急発進していった。

ちょうど、このころ、イギリス艦隊をなかなか発見できずにいた、丁空襲部隊の鹿屋空一式陸攻26機が、1348にようやくこれを認め、接敵に入った。付近の雲量は6、雲頂2,000m、雲底は400～600mくらいで、各中隊は雲の下際を見え隠れしつつイギリス艦隊に接近した。

2隻の戦艦は、すでに何本かの魚雷と爆弾の命中を受けていたが、約2,500mの間隔をとり、なおも20ノットの速力を維持して南下をつづけているようであった。

第1中隊長鍋田大尉機に同乗していた指揮官宮内七三少佐は、第1中隊、および壹岐大尉の第3中隊は1番艦に、東大尉の第2中隊を2番艦に目標指示して降下していったが、とたんに猛烈な対空砲火が編隊の周囲で炸裂し始めた。

1350、宮内少佐は「全軍突撃」を下令するとともに、鍋田中隊長機が1番艦の右舷側から真っ先に魚雷を投下、第1中隊の3機、第2中隊の2機もこれにつづき、目標の約500m手前まで肉

■マレー沖海戦参加主要機塗装・マーキング　Camouflage and markings of aircraft flying against Force Z

九六式陸攻二型　甲空襲部隊(元山航空隊)第4中隊(索敵隊)
小隊長　帆足正音予備少尉機

Type 96 Model 2, 4th Squadron (enemy search), Genzan Koku-tai Type 96, Reserve 2nd Lt. Masane Hoashi (flight commander).

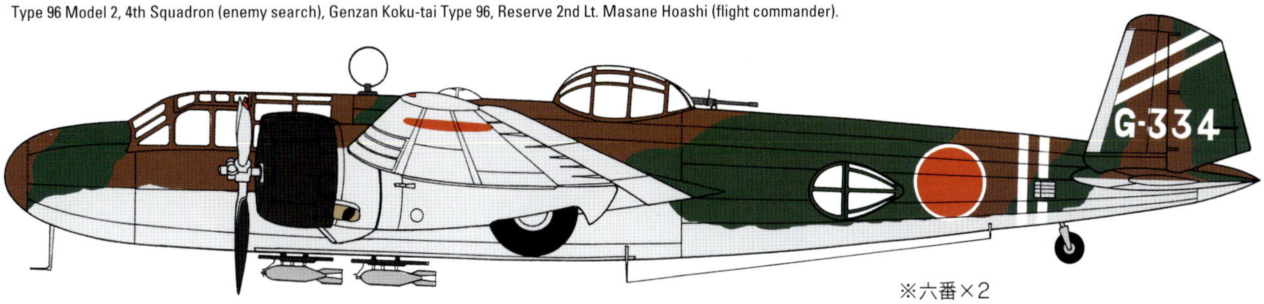

※六番×2
* 60kg bombs x 2

九六式陸攻二型　甲空襲部隊(元山航空隊)第1中隊第1小隊(雷撃隊)
小隊長　小柳津唯吉飛曹長機

Type 96 Model 2, 1st Squadron, 1st Flight (torpedo), Genzan Koku-tai, Flight Sergeant Tadayoshi Oyaizu (flight commander).

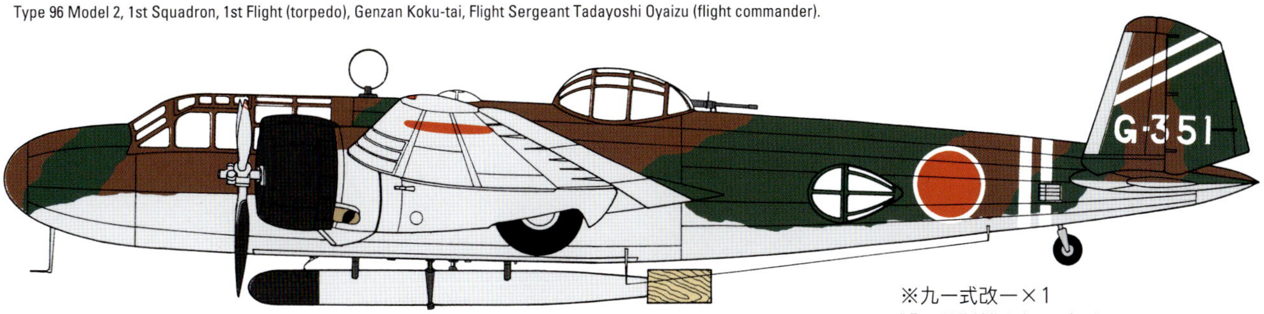

※九一式改一×1
* Type 91 Kai Mk 1 air torpedo x 1

九六式陸攻二型　甲空襲部隊(元山航空隊)第3中隊第2小隊(爆撃隊)
小隊長　野村信二中尉機

Type 96 Model 2, 3rd Squadron, 2nd Flight (bombing), Genzan Koku-tai, Lt. (JG) Shinji Nomura.

※五〇番×1
* #50 bomb (500kg) x 1

九六式陸攻二型　乙空襲部隊(美幌航空隊)第5中隊第52小隊2番機(爆撃隊)
長嶺惣作一飛曹(機長)機

Type 96 Model 2, 5th Squadron, 52nd Flight, plane #2 (bombing), Bihoro Koku-tai, NAP 1/C Sosaku Nagamine (aircraft commander).

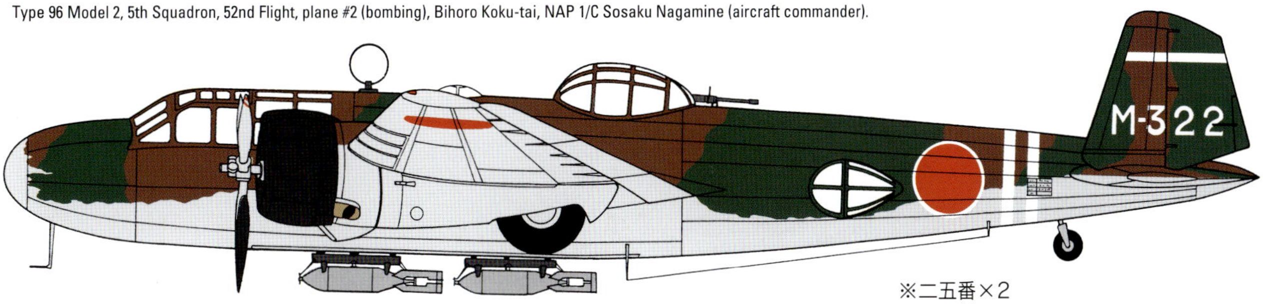

※二五番×2
* #25 bombs (250kg) x 2

濃緑色
Dark green

土色
Earth color

無塗装ジュラルミン地肌
Natural metal (duralumin)

昭和16年12月10日、マレー沖海戦において雷撃隊の先陣をきって、「プリンス・オブ・ウェールズ（左遠方）」を目標に、九一式改一魚雷を投下した、甲空襲部隊（元山航空隊）第1中隊長、石原薫大尉搭乗の九六式陸攻。主操縦員は小柳津唯吉飛曹長である。

An artist's rendering of Lt. Kaoru Ishihara's Type 96 (Genzan Koku-tai) beginning the first wave of attacks against Force Z as he releases a Type 91-kai torpedo aimed at Prince of Wales (left background), December 10, 1941.

G-351
S.Nohara '04.4.

九六式陸攻二型　乙空襲部隊(美幌航空隊)第7中隊第73小隊1番機(爆撃隊)
小隊長　酒井三郎飛曹長機

Type 96 Model 2, 7th Squadron, 73rd Flight, plane #1 (bombing), Bihoro Koku-tai,
Flight Sergeant Saburo Sakai (flight commander; note: this is not the same Sakai as the famed Zero ace).

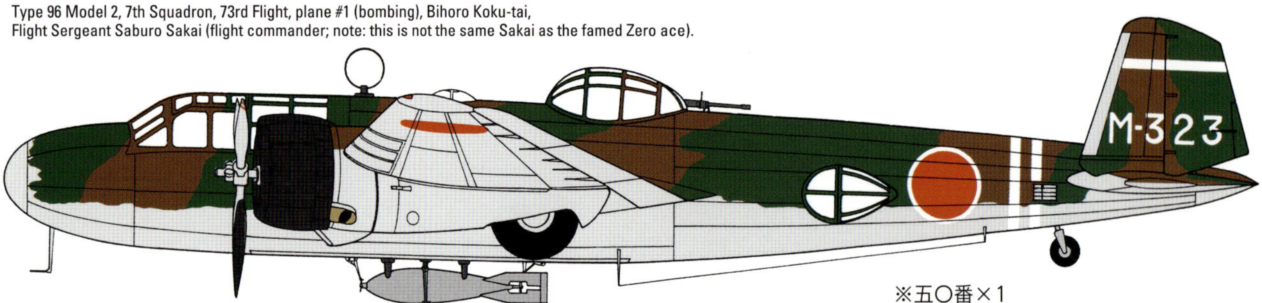

※五〇番×1
※水平尾翼前縁も金属地肌
* #50 bomb (500kg) x 1
* Metal attachment to leading edge of tail plane

九六式陸攻二型　乙空襲部隊(美幌航空隊)第8中隊第82小隊3番機(雷撃隊)
東政明一飛曹(機長)機

Type 96 Model 2, 8th Squadron, 82nd Flight, plane #3 (torpedo), Bihoro Koku-tai, NAP 1/C Masaaki Azuma.

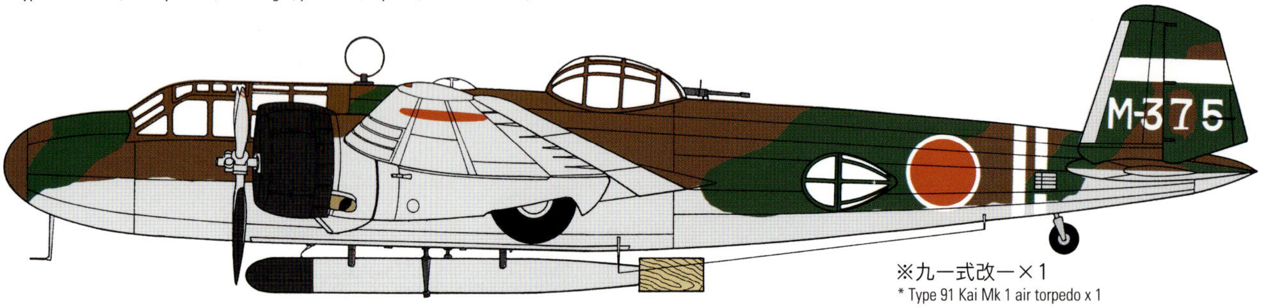

※九一式改一×1
* Type 91 Kai Mk 1 air torpedo x 1

一式陸攻　丁空襲部隊(鹿屋航空隊)第1中隊第3小隊1番機(雷撃隊)
小隊長　西川時義飛曹長機

Type 1 Land Bomber, 1st Squadron, 3rd Flight, plane #1 (torpedo),
Kanoya Koku-tai, Flight Sergeant Tokiyoshi Nishikawa (flight commander).

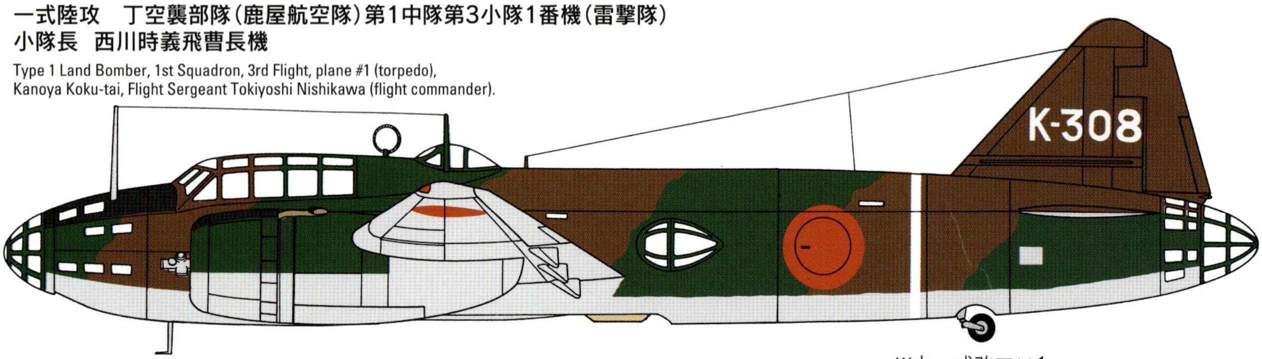

※九一式改二×1
* Type 91 Kai Mk 2 air torpedo x 1

一式陸攻　丁空襲部隊(鹿屋航空隊)第3中隊第3小隊1番機(雷撃隊)
小隊長　矢萩友二飛曹長機

Type 1 Land Bomber, 3rd Squadron, 3rd Flight, plane #1 (torpedo),
Kanoya Koku-tai, Flight Sergeant Tomoji Yahagi (flight commander).

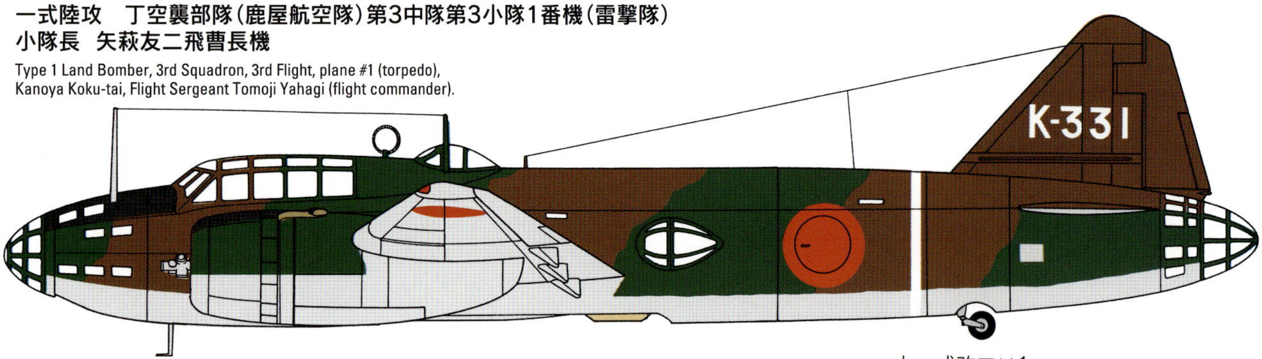

九一式改二×1
* Type 91 Kai Mk 2 air torpedo x 1

薄して魚雷を投下した。退避しつつ、目標を見ると、『プリンス・オブ・ウェールズ』には5本の水柱が上がるのが認められた。1本目は艦首、2本目は艦橋下、3本目は艦橋前方、4本目は後部3番主砲塔横、5本目は艦尾付近に命中したようだった（イギリス側の記録では命中は4本とされている）。

鹿屋空は、この日の出撃前、藤吉司令官の命令により、九一式改二魚雷の走行深度を、海面下4mにセットしており、より高い爆発効果が得られるようにしていた。艦尾に命中した5本目は、右舷側のスクリュー軸を損傷させ、速力を一気に8ノットまで落とせしめた。

魚雷命中箇所から大量の海水が侵入した『プリンス・オブ・ウェールズ』は、艦体が大きく沈下し、直衛駆逐艦『エクスプレス』が艦首に横付けして負傷者の救出をはじめたが、対空火器は依然として健在で、陸攻隊にはげしい弾幕を浴びせつづけた。

いっぽう、第1中隊の残る5機と、第2中隊の6機は右、左方向から『レパルス』を挟撃する形で雷撃したが、第1中隊の第3小隊長機（機長：西川時義飛曹長）は、魚雷投下直前に対空砲火に被弾し、胴体下面から火を吹き、右主翼内燃料タンクにも穴が開いてガソリンが噴出したため、投下後は、『レパルス』の艦橋に体当たり自爆する覚悟を決めたが、その後、火災が消えたことから、かろうじて生還した。

また第2中隊の1小隊1番機（東中隊長乗機）は、対空砲火によって左主翼端の約1.5mを吹き飛ばされてしまい、ひどく不安定な飛行を余儀なくされたが、なんとか生還することができた。これらの例からしても、イギリス戦艦の対空砲火が、いかに激しかったかが分かろう。

殿となった壹岐大尉の第3中隊は、『プリンス・オブ・ウェールズ』を目標にして雷撃進路に入ったのだが、射点がやや後落し、さらには先行機が投下した魚雷が2本命中したのが認められたため、急きょ、『レパルス』に目標変更し、1356、同艦の左舷側約8,000mまで接近したところで、中隊長機が2回大きくバンク（左右の主翼を上、下方向に振る操作）し、突撃を合図した。

第1小隊はそのままの降下姿勢で直進、第2小隊は左、第3小隊は右にそれぞれ分かれて挟み撃ちにしようとした。1小隊は3機が単縦陣となり、壹岐大尉の搭乗する1番機は左舷側艦首の約40度、距離800m、高度約30mで魚雷を投下した。

しかし、つづく2、3番機は魚雷投下直後に相次いで被弾し、海面に突っ込んで自爆してしまう。その直後、『レパルス』の左舷中央付近に3本の水柱が立つのが見えた。

右舷側に廻った第2、3小隊の各機も次々と魚雷を投下し、『レパルス』に2本命中させることに成功する。第1小隊の3本とあわせ、5本の命中魚雷をうけた『レパルス』は、急速にバランスを失って転覆、1403、海面に大きな波紋を残して沈没した。轟沈といってよかった。

鹿屋空が雷撃を行っていたそのころ、乙空襲部隊の美幌空第2、3中隊（五〇番1発の爆装）が戦場上空に到着する。大平大尉に率いられた第3中隊は、1403、直衛駆逐艦を目標に編隊水平爆撃を試みたが、投下した9個の五〇番爆弾は1発も命中しなかった。これは中隊長機が投下時期を誤り、各機ともこれに倣って投下したためだった。

やや遅れて、武田大尉に率いられた第2中隊

■第一航空部隊の雷、爆撃命中要図 Diagram of bomb and torpedo hits by the 1st Koku-Butai

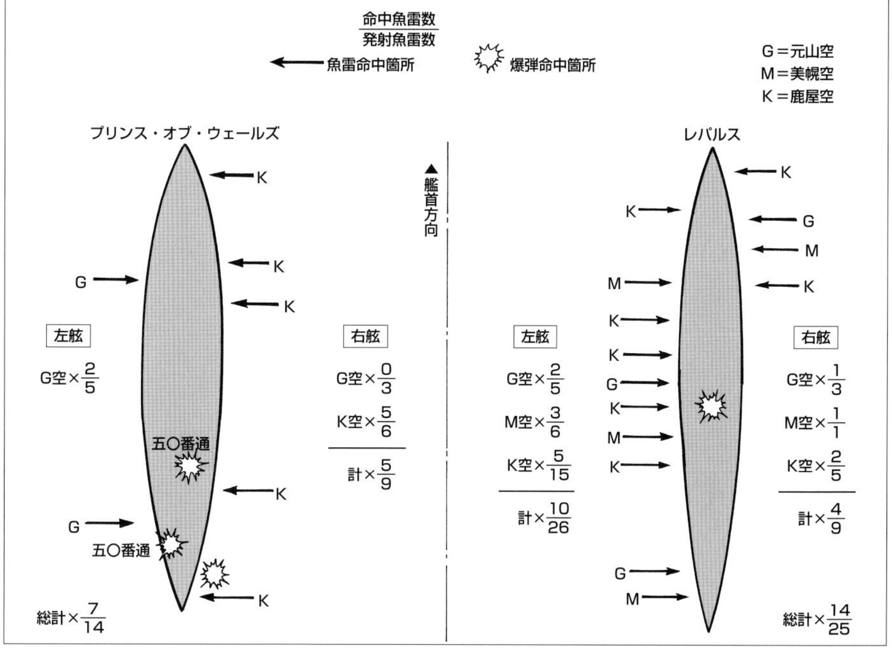

■マレー沖海戦　飛行機隊の出撃、戦闘状況 Air sorties and attacks against Force Z

基地	部隊名	機種	中隊名	機数	装備	出発時間	記事
サイゴン	元山空	九六陸攻	第4中隊（牧野大尉隊）	7		0540 発進	索敵
〃	〃	〃	第2中隊（高井大尉隊）	7	雷装	0755 発進	飛行隊長　中西少佐搭乗、九一式魚雷改一×7本
〃	〃	〃	第1中隊（石原大尉隊）	9	〃	〃	九一式魚雷改一×9本
〃	〃	〃	第3中隊（二階堂大尉隊）	9	爆装	〃	五〇番爆弾×9
ツダウム	鹿屋空	一式陸攻	第1中隊（鍋田大尉隊）	9	雷装	0814 発進	飛行隊長　宮内少佐搭乗 九一式魚雷改二×26本
〃	〃	〃	第2中隊（東大尉隊）	8	〃	〃	
〃	〃	〃	第3中隊（壹岐大尉隊）	9	〃	〃	
〃	美幌空	九六陸攻	第2中隊（武田大尉隊）	8	爆装	0820 発進	五〇番爆弾×8
〃	〃	〃	第1中隊（白井大尉隊）	8	〃	〃	二五番爆弾×16
〃	〃	〃	第3中隊（大平大尉隊）	9	〃	0850 発進	五〇番爆弾×9
〃	〃	〃	第4中隊（高橋大尉隊）	8	雷装	〃	九一式魚雷改一×7本

1140	元山空	3番索敵機	敵発見	
1245	美幌空	白井中隊	レパルスを爆撃	レパルス後甲板に命中
	元山空	二階堂中隊	〃	
	〃	高井中隊	レパルスを雷撃	レパルスに魚雷3本命中
	〃	石原中隊	ウェールズを雷撃	ウェールズに魚雷3本命中1機被弾自爆
1305	美幌空	高橋中隊	レパルスを雷撃	レパルスに魚雷4本命中
1350	鹿屋空	鍋田中隊　4 東中隊　2	ウェールズを雷撃	ウェールズに魚雷5本命中
	〃	壹岐中隊　20他	レパルスを雷撃	レパルスに魚雷5本命中、2機被弾自爆
1355				レパルス沈没する
1408	美幌空 〃	武田中隊 大平中隊　17	ウェールズを爆撃、命中	
1450				プリンス・オブ・ウェールズ大爆発をおこして沈没する。

■元山航空隊戦闘詳報 Combat report from the Genzan Koku-tai.

	機番号	主操縦員	雷撃目標	判定的速（節）	敵情	進入針路（概略）	方位角	射角	照準	気速（節）	高度（米）	射距離（米）
第一中隊	G-351	小柳津唯吉 飛曹長	プリンス・オブ・ウェールズ	28	直進中	270°	左80	28°	艦中央	146	25－30	600
	G-352	大竹 典夫 一飛曹	〃	25	直進中発射后内右回避	260°	左90	20°	右檣	155	45	1100
	G-361	川田勝次郎 一飛曹	〃									
	G-354	植山 利正 中尉	〃	26	内方回避	260°	左80	22°	艦中央	155	30	1000
	G-355	内山 宜和 三飛曹	〃	22	〃	290°	左30	5°	前艦橋	150	30	600
	G-356	里見 義毅 二飛曹	〃	26	〃	255°	左60	20°	艏	150	5～10	700
	G-357	小沼房之助 飛曹長	〃	24	外方回避	40°	右80	20°	艦中央	145	60	1000
	G-358	丹生 重男 一飛曹	〃	24	〃	40°	右60	15°	〃	150	40	800
	G-359	中島 真澄 二飛曹	〃	26	外方回避発射后内方回避	35°	右30	10°	艏	145	30	1000
第二中隊	G-371	高井 貞夫 大尉	レパルス	20	内方旋回中発射后直前	0°	右120	17°	艦中央	165	40	1000
	G-372	山本 茂春 三飛曹	〃	20	〃	90°	右70	17°	〃	156	50	900
	G-381	山田 信吉 二飛曹	〃	22	〃	85°	右65	16°	〃	180	25	700
	G-375	岩橋 光雄 三飛曹	〃	23	〃	140°	右80	19°	〃	160	20	900
	G-373	平山 八郎 一飛曹	〃	22	直進中	315°	左90	15°	艏	160	30	800～1000
	G-382	斉藤 末蔵 一飛曹	〃	25	〃	330°	左90	25°	艦中央	155	50	1000
	G-377	室國 忠雄 飛曹長	〃	24	〃	330°	左90	25°	〃	158	40	1200

27

27.マレー沖海戦時の写真ではないが、作戦飛行中の陸攻編隊がどのようなものかを知るのに好適な一葉なので掲載した。美幌空の九六式陸攻で、遠方のひと塊は1個中隊9機。3機ずつの小隊3個で構成されている。右手前機の胴体下面爆弾架は空で、爆撃を終えての帰途らしい。手前の主翼は撮影機のもので、迷彩塗装の剥離が著しく、歴戦機を実感させる。

28.これも、マレー沖海戦時の写真ではないが、同海戦に丁空襲部隊として参加した、鹿屋空第1中隊の一式陸攻編隊をよく捉えているで掲載した。大型爆弾、魚雷懸吊時（写真は投下後の状態）は、胴体下面の弾倉扉は外すので、横方向から見るとえぐられたようになる。機体は、上面に濃緑色と土色の雲形塗り分け迷彩を施しており、日の丸も白フチなし。胴体後部の白帯1本は、第21航空戦隊隷下を示す標識。右手前の機番号は「K-310」。

27. While this photo is not from the attack on Force Z, it's a good reference for how a typical land-based bomber group would form up in flight.

28. Also not a Force Z photo, this fine in-flight shot nonetheless shows well the Type 1 Land Bombers of the Kanoya Koku-tai's 1st Squadron, which took part in the attacks.

28

29.30.マレー沖海戦後、南方攻略作戦の進捗に伴い、マレー半島西岸にあるペナン島基地に進出した、美幌空所属の九六式陸攻二型「M-331」号を背にした隊員のスナップ。垂直尾翼の帯（白）は第2中隊を、胴体後部の2本帯は第22航空戦隊隷下をそれぞれ示す。剥離の著しい迷彩塗装が、歴戦機を感じさせる。

29-30. Following the sinking of the British capital ships, the Bihoro Koku-tai was stationed on the western coast of the Malaysian peninsula. This is M-331, a Type 96 Model 2.

29

30

が爆撃進路に入り、被害を受けて、数ノットに速力が落ちていた『プリンス・オブ・ウェールズ』を目標に、1413、高度3,000m、針路300度、機速120ノットで編隊爆撃を行った。8機から投下された五〇番爆弾は7個（1機が故障で投下不能だった）で、うち2発（実際は1発のみ命中）が、艦尾付近に命中するのを搭乗員が確認した。

このとき、『レパルス』はすでに沈没してしまっていたが、武田中隊の各機は爆撃に気をとられていて気づかず、終了後にあらためて周囲を見回したところ、黒い重油が付近の海面に浮いていたことで、はじめてそれを知った。

武田中隊の爆撃が終わったあとも『プリンス・オブ・ウェールズ』は、なお惰性で動いている様子だったが、すでに艦体は大きく沈み、もはや沈没するのは時間の問題だった。

艦内には総員退艦が命じられ、フィリップス司令官とリーチ艦長は、部下の説得に「ノー・サンキュー」と答えて退艦を拒み、部屋に戻ると内側から鍵をかけて艦と運命を共にすることを選んだ。

1450、『プリンス・オブ・ウェールズ』は艦尾付近で2度の爆発を起こしたのち、急速に沈没し、波間から消えてしまった。同艦の沈没により、約2時間にも及んだマレー沖海戦は終わった。

イギリス艦隊を発見した殊勲の帆足機は、元山空の雷撃隊が攻撃しているころの1320に、いったん戦場を離れ、近くのマレー半島クアンタン近郊イギリス軍飛行場上空に進入し、携えていた六番（60kg）爆弾2発を投下したあと、1427ごろに再び戦場上空に戻ってきた。

このときには、すでに『レパルス』の姿はなく、『プリンス・オブ・ウェールズ』も最期のときを迎えようとしていた。帆足機は、「キング・ジョージ左傾斜シツツ九〇度ニ遁走中、艦尾ヨリ爆発、次第ニ沈没シツツアリ、一四三〇」、つづいて「敵主力ノ位置『クワンタン』ノ一一〇度、七五浬、針路九〇度、速力六節、一四四五」、さらに、「『レパルス』一四二〇頃、一四五〇頃『キングジョージ』モ爆発沈没セリ、一四五〇」を打電してきて、その最期を見届け、帰途についた。

のちに帆足機の副操縦員、田中喜作一飛曹は、「下方から敵戦闘機らしきものが3機上がってくるのが見えたので、距離2,000m、発動機全開で雲の中に飛び込んだ。戦場を去るにしたがい、今までの緊張感と、任務を達成した満足感でいっぺんに疲れが出たようだった。帰りの燃料はギリギリで、着陸寸前に発動機がプスプスといい出し、まさに危機一髪、冒険極まりない飛行だった」と述懐した。実際、帆足機の飛行時間は13時間30分にも達し、この記録は、その後も破られることはなかった。

1515、第一航空部隊司令官松永少将からの無電報告を受けた大本営海軍部は、1605、以下のような声明を発し、海戦に参加した各隊の労を称えた。

大本営海軍部発表

（昭和16年12月10日午後4時5分）

帝國海軍ハ開戦劈頭ヨリ英國東洋艦隊、特ニソノ主力艦二隻ノ動静ヲ注視シアルタルトコロ、昨九日午後帝國海軍潜水艦ハ敵主力艦ノ出動ヲ発見、爾後帝國海軍航空部隊ト緊密ナル協力ノ下ニ捜索中、本十日午前十一時半マレー東部クワンタン沖ニ於テ再ビ我ガ潜水艦コレヲ確認セルヲモッテ、帝國海軍航空部隊ハ機ヲ逸セズコレニ対シ勇猛果敢ナ攻撃ヲ加エ午後二時二十九分戦艦レパルスハ瞬時ニシテ轟沈シ、同時ニ最新式戦艦プリンス・オブ・ウエールズハ忽チ左ニ大傾斜、暫時遁走セルモ、間モナク午後二時五十分

31

31.ツダウム基地における、鹿屋空所属一式陸攻「K-308」号機を背にした搭乗員。後列右から2人目が本機の機長西川時義飛曹長。本機は、マレー沖海戦時には、丁空襲部隊の第1中隊第3小隊1番機として参加し、『レパルス』を目標に雷撃を試みたが、直前に対空砲火に被弾して発火、消火ののち魚雷を投下して離脱、基地に戻ろうとしたが、燃料切れのため、ソクトラン基地近くの水田に不時着した。

32.壹岐大尉の航空記録の一部。16年12月10日の欄に「一式331、飛行時間10-45、敵艦隊戦艦雷撃（馬来沖海戦）」と記されている。一式331は、むろん一式陸攻「K-331」号機の意。

33.マレー沖海戦に際し、丁空襲部隊（鹿屋空）の第3中隊長を務めた壹岐春記大尉。日中戦争当時からの同中隊生え抜き飛行士官で、マレー沖海戦では『レパルス』を目標に雷撃を敢行したが、列機の2機が相次いで対空砲火に被弾して撃墜される死闘を味わった。写真は、昭和17年、新竹航空隊に転じたのちの九六式陸攻操縦席で。

31. The crew of Type 1 Land Bomber (Betty) "K-308" from the Kanoya Koku-tai pose with their plane at Tsudaumu.

32. A portion of his log book. In the entry for December 10, 1941, it reads "Type 1 331, flight time 10-45, torpedo attack enemy battleships." Of course, "Type 1 331" refers to his plane, a Type 1 Land Bomber, "K-331.".

33. This is Lt. Haruki Iki, who flew in the Kanoya Koku-tai's 3rd Squadron during the Force Z attacks.

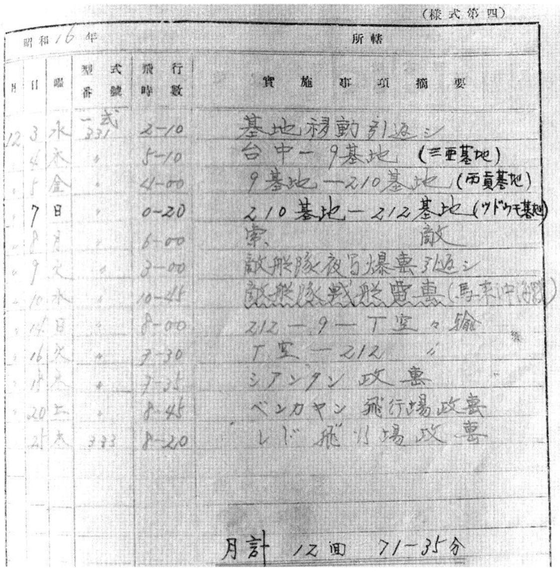
（様式第四）

昭和16年 所轄

月	日	曜	型式番號	飛行時數	實施事項摘要
12	3	水	一式331	2-10	基地移動引返シ
	4	木	〃	5-10	台中—9基地（三亜基地）
	5	金	〃	4-00	9基地—210基地（西貢基地）
	7	日	〃	0-20	210基地—212基地（ツドウモ基地）
	8	月	〃	6-00	索敵
	9	火	〃	3-00	敵艦隊夜間爆撃引返シ
	10	水	〃	10-45	敵艦隊戦艦雷撃（馬来沖海戦）
	14	日	〃	8-00	212—9—丁空々輸
	16	火	〃	3-30	丁空—212 〃
	18	木	〃	7-25	シアンタン攻撃
	20	土	〃	8-45	ベンカヤン飛行場攻撃
	21	日	333	8-20	レド飛行場攻撃

月計 12回 71-35分

32

33

大爆発ヲ起シ遂ニ沈没セリ。ココニ開戦第三日ニシテ早クモ英國東洋艦隊主力ハ全滅スルニ至レリ。

◎エピローグ

海上を自由行動する戦艦を、航空機の雷・爆撃で撃沈するという、海戦史上前例のない「快挙」を成し遂げたのは、元山、美幌空の九六式陸攻68機と、鹿屋空の一式陸攻25機、計94機と679名の乗員だった。損害が3機、21名戦死という少なさであったことも世界を驚かせた。

敵主力艦を、艦隊決戦のまえに航空攻撃により漸減し、戦いを有利にするというのは、日本海軍の戦略根本であり、陸攻はそのために開発した日本海軍独特の機種である。元山、美幌、鹿屋の各陸攻隊はその精鋭、しかも、開戦前から猛訓練を重ねたのであるから、マレー沖海戦の結果は、けっしてフロックではなかった。

しかし、この輝かしい勝利も、陸攻隊にとっては一時の栄光でしかなく、太平洋戦争のその後の戦いは、まさに苦闘以外の何ものでもなく、真の航空戦力とは言いがたい存在になるとは、誰も考え及ばなかった。

海戦の8日後、鹿屋空第3中隊長壹岐春記大尉は、アナンバス島のイギリス軍通信所を爆撃しての帰途、去る10日の戦場上空を低空飛行しつつ、用意した2つの花束を投下し、ともに祖国のために戦って散華した2隻の戦艦の乗員、そして自らの列機2機の乗員の冥福を祈った。

chapter 3　The Bull of Japan's Air Defense: Kobayashi and the 244th Sentai

第3章　帝都防空の雄 飛行第244戦隊と小林戦隊長

昭和19年12月、戦隊長に着任後間もない頃、愛機三式戦一型丙、製造番号「3295」号を背にした小林照彦大尉。若冠24才、陸軍航空史上最年少の戦隊長であった。

This is Capt. Teruhiko Kobayashi posing in front of his brand-new Type 3 Model 1 Hei Fighter (Hien, or "Tony), s/n 3295 in December of 1944. At 24 years old, he was the youngest sentai commander in IJA history.

昭和19（1944）年6月15日深夜、中国大陸奥地から飛来した、アメリカ陸軍航空軍が誇る四発重爆撃機、ボーイングB-29スーパーフォートレスにより、北九州の八幡・小倉地区が初空襲を受け、太平洋戦争の最終局面となる日本本土防空戦が幕を開けた。

本土防空の主担当は陸軍飛行部隊であり、その後、敗戦に至るまでの1年2カ月間、B-29の圧倒的高性能に比較し、悲しいほどに見劣りする機材を精神力で補い、陸軍防空戦闘機隊は奮闘することになる。そのなかには正規の迎撃戦の限界を悟った、「海の特攻」に匹敵する対B-29体当り攻撃も含まれていた。これら、本土防空に奮闘した陸軍防空戦闘機隊のうち、知名度、実績両面において傑出したのが、帝都（東京）周辺を担当区とした、飛行第244戦隊であり、同隊を率いた、若き戦隊長小林照彦少佐の名はつとに有名である。宮城（皇居）防衛の任も課せられていたことから、「近衛戦闘機隊」、あるいは「つばくろ部隊」などとも通称され、その存在感は計り知れぬほど大きかった。

本稿は、その244戦隊の、昭和20年4月までの防空戦の日々を、小林戦隊長の陣頭指揮ぶりを中心に追ったものである。

◎史上最年少戦隊長の誕生

それまで、中国大陸奥地から日本へ飛来していたB-29の部隊は、昭和19年11月下旬、マリアナ諸島基地の整備が整うと、主力をこちらに移し、日本の中枢である東京、名古屋、大阪方面にも爆撃を加えはじめた。

こうした状況下、陸軍戦闘機隊は指揮官の若返りを実施し、防空戦闘をより活性化しようと試みた。11月から12月にかけて、計9個戦隊の戦隊長が航士／陸士53期、および54期出身者に交代し、その中に244戦隊長小林照彦大尉（当時）も含まれていた。

小林大尉は、大正9（1920）年東京に生まれ、昭和13（1938）年陸軍予科士官学校に入校、15（1940）年2月53期生として卒業し、砲兵少尉に任官した。しかし、のちに航空へ転科して、軽爆撃機操縦者となり、飛行第45戦隊に配属された。中国大陸方面にて実戦を経験した後、18（1943）年11月、戦闘機操縦者に転じ、明野飛行学校に入校して戦技教育をうけ、19年6月修了とともに同校に残留して、転科将校学生の教官を務めていた。

そして、同年11月28日飛行第244戦隊付きを命じられ、翌29日同戦隊が駐留する東京西郊の調布飛行場に、空路着任するのである。

12月3日、前戦隊長藤田隆少佐の離任式と、第四代戦隊長小林大尉の「命課布達式」がとり行なわれ、若冠24才、陸軍航空史上最年少の飛行戦隊長が誕生した。

◎初出撃

小林戦隊長が就任したこの日の午後2時半以降、折りしもB-29 76機が10梯団を組んで関東上空に侵入し来たり、武蔵野にある中島飛行機工場を目標に爆撃を行なった。244戦隊にも邀

1.着任間もないころ、戦隊本部の建物（迷彩が施されている）を背にした小林大尉。隊員曰く「戦隊長は桃太郎だ。気はやさしくて力持ちだ」。まさに言い得て妙だった。

2.タイトル写真と同じく、小林戦隊長乗機になった三式機「3295」号機。転出した第一飛行隊の小松豊久大尉乗機だったものを譲りうけた機。まだ、尾翼の赤塗装は施されていない。胴体上方を前後に通る帯は青。

1. Kobayashi posing in front of the sentai's headquarters building shortly after taking command.

2. Another view of Kobayashi's plane, Hien #3295.

撃命令が下り、小林戦隊長は、さっそく空中指揮をとり、B-29編隊を東京上空で捉えて真っ先に攻撃したが、同機の防御火網につかまって発動機を射抜かれ、止むなく調布飛行場に着陸した。すぐさま予備機に乗り換え、千葉県の銚子上空で敵編隊を待ち受けたが、どうしても高度7,500m以上に上がれず、捕捉できなかった。

いっぽう、体当り攻撃を旨とする「はがくれ隊」は健闘し、隊長四宮中尉が東京上空にてB-29編隊の1機に体当りし、左主翼のピトー管から外側の約2mをちぎられながらも、かろうじて機体を操り、調布に生還した。また、同隊の板垣政雄伍長は、千葉の印旛沼上空でB-29編隊を捉え、1機に体当りした。激突と同時に、乗機は四散したが、運よく板垣伍長の体は機外に放り出され、降下中に落下傘が開傘、奇跡的に生還することができた。

「はがくれ隊」の奮闘はまだ続き、板垣伍長と前後して、中野松美伍長もB-29の1機に後下方から突き上げるように体当たりした。中野機は、B-29の水平尾翼をプロペラでかじり取ったあと、その胴体背部に馬乗りの形でのしかかった。安定を失なったB-29は、ほどなく墜落していったが、B-29から離れた中野機もスピナーがつぶれ、プロペラが彎曲するなどしてひどく損傷していた。しかし、中野伍長は沈着冷静に不安定な乗機を操り、茨城県稲敷郡の水田に不時着させて無事生還した。「はがくれ隊」の奮闘は、後日、新聞誌上で大々的に報道され、とりわけ、中野伍長は「B-29馬乗り伍長」と形容され、全国民に強い印象を与えた。

この日の244戦隊の戦果は、はがくれ隊の3機撃墜を含め、B-29 6機撃墜、2機撃破だった。

自らは不覚をとったが、小林戦隊長は部下たちの奮闘にいたく感銘し、当日の日記に「全員生還せり。愉快この上なし。愛する部下の全員生還は天佑か。皇都守護の大任を完遂するには未だし、更に努力せん。部隊の士気頼みに上れり」と書き記している。

この日の夜には、隊内で将校団会食が催され、2日前に特攻隊「振武隊」隊長への転出が内示されていた、「はがくれ隊」隊長四宮徹中尉は、新戦隊長着任をことのほか喜び、「新戦隊長以下若者ノミノ戦隊トナル以上、真ニ元気溌剌タル部隊タラシムベクー意精進セン」と、その決意のほどを日記に認（したため）ている。

藤田前戦隊長は昭和5（1930）年10月第34期将校学生卒、小林大尉は同15年2月陸予士卒であり、10年もの差があったから、相当な若返りではある。小林大尉の着任と前後して、東京周辺を防空担当する第10飛行師団では、B-29の高性能に対抗するため、隷下戦闘機戦隊内に体当り攻撃隊を編成するよう命じており、244戦隊でも、前出の四宮中尉を長とする「はがくれ隊」が編成されていた。

戦隊長は、この「はがくれ隊」を自らの直卒とし、戦隊長編隊(戦隊本部小隊)は「たかね」の無線呼び出し符号をつけて指揮することにした。

隷下飛行隊（中隊）の先任飛行隊長には、第二飛行隊「とっぷう」に竹田五郎大尉、第一飛行隊「そよかぜ」には生野文介大尉、第三飛行隊「みかづき」には白井長雄大尉をそれぞれ任命した。彼らはみな航士、陸士の55期生出身者であり、これらも一気に若返ったことになる。

各飛行隊には専属の整備小隊が付属され、発動機に不安を抱える装備機、三式戦「飛燕」の稼働率維持を図り、組織全体の強化にも意を払った。

三式戦は、B-29の高々度性能に対処するため、20㎜機関砲2門の携行弾数を50発ずつに減らし、酸素瓶は軽量の酸素発生剤に変更、さらに、防弾鋼板、無線機さえも取り外し、はては上面の迷彩塗装までも溶剤で洗い落とすなど、涙ぐましい軽量化を図った。

小林戦隊長の初邀撃戦から2日後の12月5日、対水上艦船体当り攻撃隊「振武隊」の追加編成が下令され、防空戦闘機隊である244戦隊からも、将校4名、下士官2名が選抜され、彼ら6名の壮行会が隊内で催された。

6名は、そのあと神奈川県の相模飛行場に赴いて編成式に臨み、翌6日には再び調布に戻って、防衛総司令官から「第二振武隊」と命名された。隊長は前述したとおり、すでに内示が告げられていた「はがくれ隊」の四宮徹中尉だった。

第二振武隊は、その後「第19振武隊」と改称

3

3.昭和20年1月、推進邀撃のため浜松飛行場に向けて出発する直前の、244戦隊三式戦。右手前の一型丁「24」号機が小林戦隊長乗機だが、のちに無塗装となり、再度迷彩を施した状態に比べ、暗緑色パターンは大まかである。2機目の「45」号機は、僚機の安藤喜良伍長乗機で、ともに戦隊本部小隊を示す、尾翼の赤塗装を施している。安藤機の向こうは、「44」「07」号機とつづく。

4.富士山上空で東に変針し、帝都(東京)方面への爆撃に向かうB-29編隊。高々度性能に優れる本機に対し、日本陸軍の防空戦闘機隊は、体当り攻撃という最後の手段まで用いて対抗した。

3. Type 3 Fighters of the 244th Sentai preparing to depart for Hamamatsu in January, 1945.

4. B-29s flying east past Mt. Fuji on their way to hit targets in and around Tokyo.

4

し、沖縄戦が始まった後の昭和20（1945）年4月29日夜、周辺海域のアメリカ海軍艦船群に突入することになる。いっぽう、第10飛行師団隷下各戦隊内に編成されていた、空対空体当り特別攻撃隊は、12月5日付けをもって「震天制空隊」と総称されることになり、244戦隊内の「はがくれ隊」も、「第五震天制空隊」と命名された。振武隊に転出した四宮中尉に代わり、同隊々長に任命されたのは高山正一少尉だった。

◎中京地区への推進邀撃

昭和19年12月19日、244戦隊に対し師団司令部から静岡県浜松飛行場への移動が命じられた。中京地区の防空戦力が手薄なためと、B-29の爆撃目標が、東京、名古屋いずれの方面であっても、中間地点に近い浜松に待機していれば、どちらへも邀撃に向かえるという判断からだった。

22日、小林戦隊長は、過日の迎撃戦で戦死した出口泰郎中尉、福元幸夫伍長の部隊葬のために調布に戻っていたが、名古屋方面にB-29来襲の報をうけるや、単機で迎撃に上がり、渥美半島上空において敵編隊をとらえ、攻撃して1機を撃破したが、長距離進出のために燃料が欠乏、滑空により浜松飛行場にすべり込んだ。

この日、244戦隊はB-29撃墜2、撃破1を記録したが、小林戦隊長は日記に「高々度1万メートルに於ては、三式戦をもってする戦闘は最大限なり。更に高々度性能の機を欲しきものなり」と記して、防空戦の多難さを認めたが、いっぽうで、「性能差を補い、戦果を挙げあるは一に精神力なり。部隊全員、特攻隊の精神を以て頑張りあり。頼もしき限りなり」とも記し、自らを鼓舞した。

27日には、B-29 72機が京浜地区に来襲し、武蔵野の中島飛行機工場が再び爆撃された。244戦隊も全力で邀撃し、撃墜2機、撃破4機の戦果を上げたが、うち1機は、吉田竹雄曹長が都民注視のなか、体当りによって撃墜したもので、同曹長は戦死、他に畑井清力伍長も戦死した。

30日、B-29が夜間来襲し、244戦隊も出動したのだが、三式戦の夜間飛行には無理があり、戦果なしに終わった。

大晦日の日記に、小林戦隊長は「昭和19年よさらば、戦いの中に暮るる。思い出多く、変化に富み、且つ多難の年なりき。」と記した。

◎帝都上空の死闘

昭和20（1945）年の元旦を迎えても、防空戦闘に休みなどない。いまだ夜も明けやらぬうちから、244戦隊は「敵機来襲」の報をうけ、浜松飛行場から迎撃に上がったが、敵機とは遭遇せず引き返した。小林戦隊長は、遥拝式、年頭訓示を済ませたのち、要務のため単身調布に戻る。この日の日記には「……皇土守護、小林飛燕戦闘機隊の伝統を築かん」と記し、決意をあらたにした。

1月3日、B-29 90機が名古屋に来襲し、244戦隊も、先任飛行隊長竹田大尉が率いて22機が浜松から邀撃に上がる。各飛行隊とも健闘し、撃墜5機、撃破7機の戦果を上げた。小林戦隊長は、

■浜松飛行場推進邀撃図 Diagram of air activity at Hamamatsu airfield

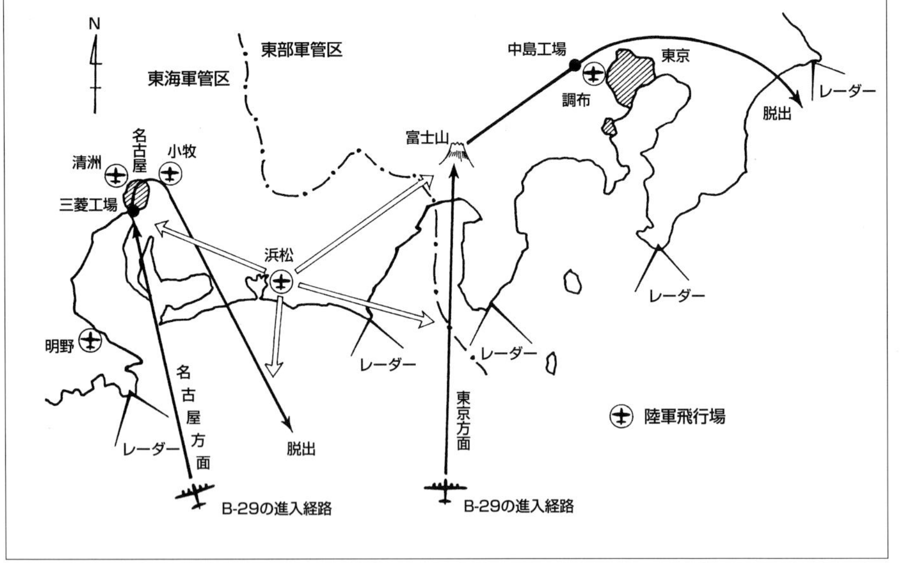

5

6

「……調布に飛来したため戦闘せず、残念なりき。部隊の戦果、撃墜5、撃破7、損害なし。新年を飾る大戦果なり。先任飛行隊長竹田大尉に表彰状授与さる（東部軍司令官より）。愉快なりき」と日記にしたためた。

1月9日午後、B-29 30機が帝都に来襲した。小林戦隊長は、東南方向に離脱する3機編隊を攻撃し、千葉県の館山上空で1機撃破、さらに、帝都上空に戻って、東進する8機編隊を攻撃したが、銚子上空において被弾したため、海軍の香取基地に不時着を余儀なくされた。同基地には、海軍の指揮下に入って行動していた四式重爆装備の飛行第7戦隊が駐留していたため、同戦隊長高橋猛少佐の好意により、四式重爆に便乗して調布に戻ってきた。

この日、震天制空隊々長高山正一少尉は、田無市上空でB-29に体当たりして生還したが、一般隊員の丹下充之少尉は、体当りしたB-29とともに墜落して戦死した。戦果は撃墜3機、撃破4機だった。

1月14日午後、B-29 60機が中京地区に来襲し、244戦隊も邀撃出動して撃墜1機、撃破4機の戦果をあげたが、燃料不足のため、それ以上の戦果拡大はできなかった。

1月19日午前、244戦隊は浜松飛行場にて航空総監阿南大将の巡視をうけ、午後には京浜地区にB-29接近の情報をうけて邀撃出動したが、実際には、B-29編隊は阪神地区に来襲し、会敵できなかった。この日、内藤健吾少尉が墜落して戦死した。夜、川崎・日蓄レコード歌手たちの慰問をうける。

1月23日午後、B-29 70機が中京地区に来襲し、小林戦隊長率いる本部小隊4機は、岡崎市上空の高度9,500mで待機、第一目標の15機編隊を1,500m下方に発見、ただちに直上から一撃を加えた。小林戦隊長は、

5.昭和20年1月27日の空戦で、小林戦隊長がB-29に体当りする直前頃の乗機「3295」号機。タイトル、およびP.50写真当時に比べ、胴体基準線に沿って太い白帯が記入され、尾翼も戦隊本部を示す赤色に塗るなどの変化がみてとれる。

6.「3295」号機を背に、記念写真におさまった小林戦隊長（後列中央）と隊員。前に座るのは板倉雄二郎少尉。前部風防下のスコア・マークは、体当りで失なわれる際には、5機撃墜、1機撃破となっていた。主翼上面の迷彩パターンが把握できるのも貴重。

5. Here's Kobayashi's plane again, seen just before January 27, 1945, the day he intentionally rammed his plane into an attacking B-29 in flight (he survived). Note the fat, white stripe added to the plane's centerline, and the red tail markings indicating Sentai HQ affiliation.

■小林戦隊長機および安藤喜良軍曹機体当り経路図

Flight chart of the mid-air ramming attacks by CO Kobayashi and Corporal Kira Ando.

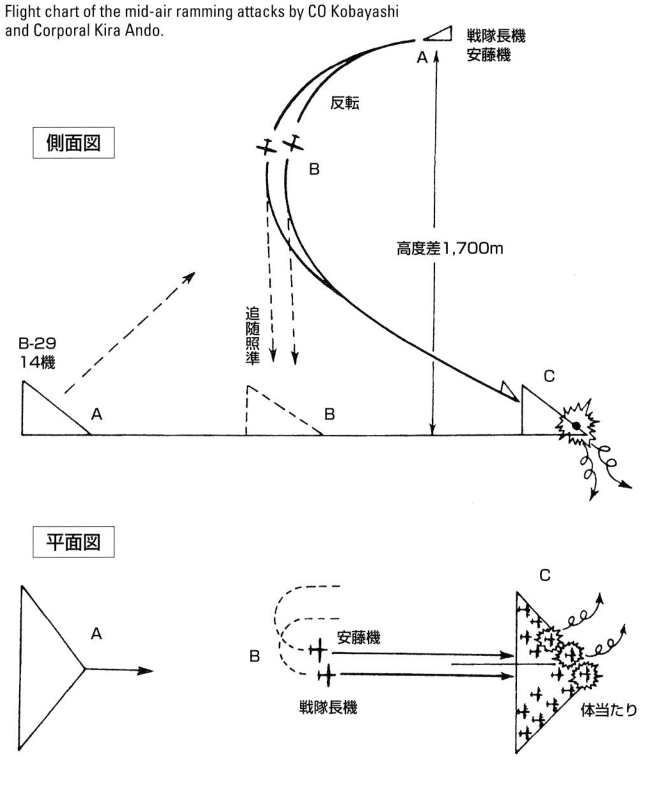

7

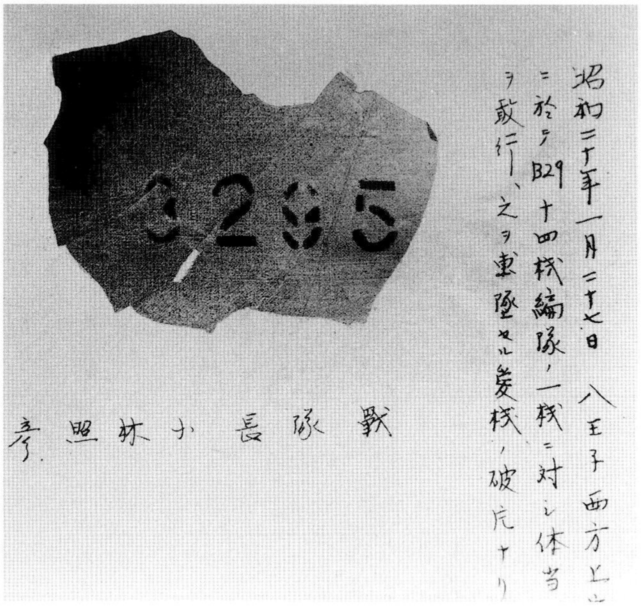

8

7.昭和20年1月27日、B-29への体当りによって失なわれた、戦隊長乗機三式戦一型丙「3295」号機の、方向舵羽布張り部分と思われる製造番号ステンシル。

8.昭和20年4月12日、山梨県・大月市上空の空戦で顔面に負傷しながらも、元気に地上指揮する小林戦隊長。

6. Kobayashi (back row, center) poses with other crewmen of the sentai in front of his Hien.

7. The fragment from Kobayashi's aircraft's rudder with the s/n stencil, ecovered after his mid-air with a B-29 on January 27.

8. Kobayashi seen on April 12, 1945, showing evidence of his ordeal from several weeks earlier.

僚機の安藤喜良伍長とともに敵の編隊長機に狙いを定めて射撃、いったん上昇したのち、さらに前側上方よりもう一撃を加え、左内側エンジンから黒煙を吹かせた。安藤伍長も同様に2機を撃破した。

いったん、浜松飛行場に着陸して燃料、弾薬を補給したあと、再び邀撃に上がり、9機編隊を太平洋上100km彼方まで追跡して、後下方攻撃を加え、1機撃破した。

この日は隷下の隊員も奮闘し、244戦隊はB-29撃墜6機、撃破14機もの戦果をあげ、味方の損害は皆無という誇らしい日だった。小林戦隊長も、日記に「……敵の高度低かりしことは決定的に我が攻撃を有利ならしめたり。集結戦闘に徹すること。(中略) 英霊に今日の戦果を報告す。瓦となりて全からんよりは玉となりて砕けよ。然り、まことに然り」と高揚する気持そのままに記している。

1月26日、戦隊長日記には「小生、着任以来の部隊の戦果は、撃墜・破66機なり。短期間、よくもかかる戦果を収め得たるものなり。……誠心もて尽くしくるる部下の尊さ、偉さ、部隊長として恥ずかしき次第なり」とあり、自らを叱咤し、部隊を一層精強ならしめんとする決意のほどがうかがえる。

◎戦隊長自らの体当り攻撃

1月27日、B-29 62機が武蔵野の中島飛行機工場に対し、6度目の空襲をかけてきた。244戦隊は、小林戦隊長を先頭に午後12時58分調布飛行場を離陸、高度10,500m、三式戦の上昇限度いっぱいまであがって敵編隊を待ちうける。

2時、八王子付近の上空高度8,500mを東に向けて飛行するB-29の14機編隊を発見し、2分後、戦隊長は前上方45度あたり、高度差約1,700mの優位から反転し、敵編隊長機に直上方攻撃を加えようとしたが、射角度が浅くなってしまったために、目標を2番機に変更して射撃した。

B-29の巨体が自機の胴体下に隠れたので、操縦桿をおさえた瞬間、激しい衝撃を感じると同時に気を失なった。しばらくして気がつくと、愛機は錐揉み状態で落下しており、とっさに機外に飛び出し、かろうじて落下傘により生還できた。

戦隊長が衝突したB-29は、左水平尾翼がもぎとられ、また左内側エンジンから白煙を吹きつつ、千葉県の印旛沼東方に墜落した。

あとで知らされたことだが、戦隊長僚機の安藤喜良伍長も、B-29の1機に体当りし、戦死していた。

第二飛行隊「とっぷう」の田中四郎兵衛准尉は、原町田上空でB-29 14機編隊を攻撃し、1機

9

9.小林戦隊長（左）と、その僚機を務めた安藤喜良伍長。昭和20年1月27日、戦隊長の体当りを目にした安藤伍長は、自らも続いて体当りし、B-29とともに帝都上空に散った。背後は、安藤伍長の乗機三式戦一型丙“45”号機。

9. Kobayashi (at left) seen with Corporal Kiyoshi Ando in front of the latter's Type 3 Model 1 Hei Fighter, "45," in a photo taken on January 27, 1945. Later that day, Ando witnessed Kobayashi's intentional ramming of a B-29 and also flew his Hien into an American bomber. Neither Ando nor the B-29 survived.

10

10.当初は「はがくれ隊」と通称し、のちに「震天制空隊」と命名された、244戦隊内の空対空体当り特別攻撃隊とその隊員。隊員は適宜、入れ替えがあり、固定されていたわけではない。写真は、19年12月末頃のメンバーで、右端は板垣政雄軍曹、3人目が中野松美軍曹。

10. Men and machines of the 244th Sentai, a force which specialized inmid-air ramming attacks. The were known as the "Shinten-Seiku-tai" or "Shaking Heavens Force."

撃破したのち、さらに攻撃をかけた際に防御火網に被弾したため、意を決っして敵機の尾部に体当たりした。激突と同時に、田中准尉の体は機外に放り出され、失神したまま降下したが、運よく落下傘が開いて生還した。

また、前年12月3日に体当りして勇名を馳せた震天制空隊の板垣政雄伍長と中野松美伍長も、相次いで体当りを敢行、板垣伍長は落下傘降下により、中野伍長は不時着によって再度生還するという奇跡を演じた。この武勲により、両名ともに後日、2度目の武功徽章乙受賞に浴した。

しかし、いっぽうで震天制空隊々長高山正一少尉が、「我、B-29を攻撃中」の無線連絡を最後に、体当りを敢行して戦死、第一飛行隊「そよかぜ」の服部克己少尉も、帝都上空で体当りして戦死した。とくに、服部少尉の体当りで撃墜されたB-29の残骸には、同少尉機の一部が喰い込んでいるのが確認され、凄惨の一語に尽きた。

この日の244戦隊の戦いぶりは、全員が体当りの気概で臨んだ感があり、その戦果の大きさと相挨って、帝都防空戦闘機隊の最精鋭という印象が、軍内のみならず、一般国民にも広く浸透した。

小林戦隊長の日記には、「……僚機安藤伍長また体当りを敢行、遂に戦死す。文字通りの玉砕なり。紅顔の少年飛行兵安藤伍長は、予の体当りを見、続きたるなり。噫！予のマフラーを遺骸に巻き出棺す。予また数日前、安藤伍長のマフラーを貰い受け使用しありたるが、遂に遺品となりたり。爾今、常にこのマフラーとともに出動せん。安藤よ、安らかに眠れ」と記されている。

2月10日午後、三菱と並び日本陸海軍機の2大メーカーである中島飛行機の、本社工場が所在する群馬県の太田市を目標に、B-29 90機が来襲した。244戦隊もこれを邀撃し、6機撃墜、3機撃破の戦果をあげたが、第二飛行隊の梅原三郎伍長が茨城県石下町上空で体当り戦死、第三飛行隊の永井孝男少尉は帝都上空で戦死、第一飛行隊の田口豊吉少尉は、太田からほど近い郷里の足利市上空でB-29を攻撃中に被弾し、重傷を負いながら調布に戻るなど、精鋭戦隊にも損害が目立つようになった。

12日、244戦隊は推進機動邀撃のため、浜松に移動した。

◎新たな敵

尊い犠牲を払いながら、B-29を相手に敢闘してきた244戦隊、というよりも、本土防空にあたる陸、海軍すべての関係機関にとって、昭和20年2月16日は、重大なる転機となった。いうまでもなく、アメリカ海軍機動部隊の艦載機が、この日以降、日本々土空襲を行なうようになったのである。

四発爆撃機B-29だけを邀撃対象にしていればよかったそれまでと異なり、低空をこまめに飛びまわり、しかも護衛戦闘機が随伴してくる艦載機相手では、邀撃要領も根本から違ってくるのは当然で、日本側は以前にもまして苦しい立場に立たされた。

この日、事前情報により、敵機動部隊艦載機の関東方面来襲を予測していた日本陸、海軍は、未明のうちから哨戒を厳にしていた。244戦隊も、まだ夜が明けきらぬ暗いなか、全力40機で浜松飛行場を飛び立ち、関東に向かった。

しかし、関東上空に達ったころには、すでに敵の第一波攻撃隊が侵入してきており、千葉県の印旛沼上空で空戦に入った。当日の天候は、

戦隊長機を含めた本部小隊、体当り攻撃の震天隊を別にすれば、244戦隊三式戦として、もっとも派手で、めずらしいマーキングといえるのが本機。第二飛行隊所属機で、胴体側面の赤い電光マークは、「57」「88」号機などにも描かれてはいるが、本機の「見せ場」は、なんと言ってもスピナーのウズ巻き模様（黄）であろう。ドイツ空軍戦闘機「顔負け」のマーキングで、まさに「和製メッサー」そのものといえる。機体は一型丙で、各日の丸は白帯付き、主翼の陰で見えないが、尾翼の戦隊マークは赤、胴体後部の縦帯も赤。主脚覆の一部に暗緑色マダラ迷彩が及んでいる。機番号「54」（赤）の「4」の書体が独特。アンテナ支柱は取り外し。カラーページ参照。

Perhaps the most gaudily-marked plane among those of the 244th. It was assigned to the 2nd Squadron. The yellow spiral on the spinner was extremely unusual for a Japanese plane. See the color plates for details of this marking scheme.

雲が低く垂れこめて視界が悪く、B-29とは勝手の違ったグラマンF6F艦戦との空中戦とあって、さしもの244戦隊も編隊は崩れ、苦戦を強いられた。

数も多く、編隊空戦を挑んでくる敵に圧倒されて被害が続出、燃料切れのため、いったん調布に着陸して、2度目の邀撃に上がったときには、244戦隊の機数は26機に減ってしまっていた。

故障機も多く出てしまい、終日、波状的に押し寄せる敵機に対し、5度目の邀撃にあがったのは、戦隊長率いる3機だけだった。3機は、群馬県の館林市西北方上空で、戦爆連合約50機を相手に空中戦に入り、2機撃墜したが、戦隊長の僚機2機とも撃墜されてしまった。単機で調布に戻った戦隊長は、たった1機の僚機をともない、6度目の邀撃にあがり不屈の闘志をみせる。

結局、この日の空戦で、244戦隊はグラマンF6F艦戦10機、カーチスSB2C 艦爆1機を撃墜し、F6F 2機を撃破する戦果をあげたが、8機が未帰還となり、その中には戦隊長僚機の新垣安雄少尉、鈴木正一伍長、遠藤長三軍曹、釘田健一伍長の4名も含まれていた。

当日の戦隊長日記には「……沈着に行動せば絶対に勝つ。信念を以って、肚を以てやれば必ず勝つ。我の敵に勝る唯一のものは精神なり。優れある点を有効に活用し、劣れる点を暴露せざれる如くせば必ず勝つなり。敵如何に物量大なるとも怖るるに足らず。なお空中戦闘の要諦は先制奇襲にあり。而して攻撃は体当り攻撃を可とす。体当り、体当りと思いつつ突進し、軽く敵を墜したり。射撃回避また同じ。回避し機首を敵に向け、体当りの態勢を示せば、ぶつかる瞬時、敵は回避す。この時機が撃墜の好機なり。此方はぶつける覚悟。敵は然らず。そこに撃墜の好機はあるなり。自爆未帰還の英霊よ、安らかに眠れ。」と記され、苦境に立って、なお自らを鼓舞する姿に、責任感の強さをみることができる。

しかし、244戦隊も含めた第10飛行師団隷下各戦闘機隊の損害は、計37機にも達っし、B-29迎撃用に鍛えあげた戦力が、艦載機との空戦でむざむざ消耗してしまうのを憂えた上層部は、翌17日の空襲には出撃を禁じ、とくに244戦隊に対しては、第6航空軍直轄とする措置がとられた。いわゆる兵力温存策である。

2月19日、B-29 90機が大挙して帝都上空に侵入、出撃を控えていた244戦隊に急きょ、完全武装の高々度戦闘が命じられ、小林戦隊長の1機撃墜1機撃破を含め、2機撃墜、4機撃破の部隊戦果をあげた。この日の戦果により、244戦隊の累計戦果が、100機撃墜・破となる。

3月10日、第6航空軍は来たるべき「天号作戦」（沖縄戦）に備えるために九州に移動したが、244戦隊は、他の戦隊とともに、新たに組織された第30戦闘飛行集団に組み入れられ、防衛総司令官の直轄部隊として、関東地区に再来襲が予想されるアメリカ海軍機動部隊に対し、特別攻撃を行なう第18、19振武隊の直掩任務を課せられた。

3月19日、千葉県の下志津（しもしず）教導飛行師団所属の百式司偵は、早朝の7時35分に八街（やちまた）飛行場を離陸し、太平洋上を西に向けて哨戒飛行を行なった。そして、静岡県浜松市の南方150㎞、および浜松の200度方向180㎞の地点に、アメリカ海軍機動部隊を発見する。

午後2時、調布飛行場に待機していた第18、19振武隊、およびこれを直掩する244、47、51、52の各戦隊は、将校集会所において壮途の祝杯をあげ、攻撃隊長を命じられた244戦隊長小林大尉が力強く訓示した。「戦隊は死力を尽くして特攻を成功させます。もし、特攻により敵空母を殲滅できない場合は、戦隊長以下火の塊となり敵空母に突進、これを撃滅いたします」

午後3時、第18、19振武隊の一式戦各6機、244、47、51、52戦隊の直掩戦闘機は、調布飛行場を離陸し、誘導機に先導されて、高度4,000mを大編隊を組んで西進した。しかし、潮岬東南方の沖合まで進んでも敵機動部隊を発見し得ず、燃料欠乏のため引き返し、空しく浜松飛行場に着陸した。小林戦隊長は、浜松で燃料補給後、単機で調布に戻った。

当日の日記。「……出発前、十四時、将校集会所に於いて壮途の祝杯をあぐ。ときに自宅より電話ありて孝彦の危篤を聞く。心騒ぎたるも、大事の前の一私事なるを思い、強いて笑みて出動す。帰還後、聞けば恰も離陸せる十五時死亡せりと。……」

3月20日戦隊長日記。「部隊葬執行。僚機安藤喜良、同じく鈴木正一伍長、僚分隊長新垣安

11

11.対空偽装用の竹製骨組みを被せた、調布飛行場の掩体内で、小林戦隊長機とともに、決別の記念写真におさまった、戦隊本部僚分隊長板倉雄二郎少尉（前左）と機付兵。昭和20年3月19日、アメリカ海軍機動部隊攻撃に向かう、第18、19振武特攻隊の直掩任務に出発する前の撮影である。この戦隊長機は、有名な一型丁「24」号機で、いったん無塗装状態になったあと、再び暗緑色マダラ迷彩に戻され、そのパターンも、これまでに発表された何枚かの写真と同じである。しかし、本写真を見ると、主翼前縁の味方機識別帯が通常の黄色ではなく赤に塗ってあり、特攻隊直掩任務に際しての特別塗装になっている。同様に、右、左の落下タンク前面には「必」「勝」の文字（白）が書き込まれ、このアングルからは見えにくいが、後方には機付兵の寄せ書きも記入されている。右下組み込みのカットは、右落下タンク部を拡大したもの。

11. Parked under a bamboo camouflage frame, 2nd Lt. Yujiro Itakura (at left) poses in front of CO Kobayashi's plane with members of the ground crew just before his final flight. The kanji characters written on the front ends of the drop tanks in white read "hitsu" and "sho," respectively, to form a the word "hissho" meaning roughly "we must win."

12. A close-up of the "hitsu" character on the right drop tank.

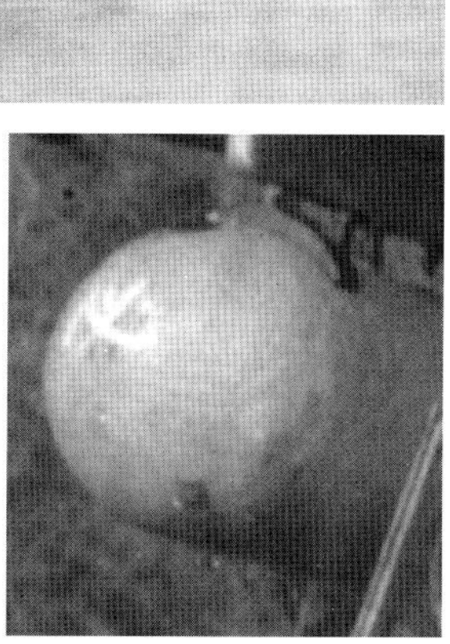

12.右落下タンクの「必」の文字部を拡大したカット。

13

13.昭和20年2月10日、民間の慰問団を迎え、小林戦隊長機を背に記念に撮った1枚。前列左の飛行服姿の右が戦隊長、左は鈴木正一伍長。機体は一型丁「24」号機だが、高々度戦闘用に迷彩塗装を落とし、全面無塗装ジュラルミン地肌になっている。アンテナ支柱も撤去。前部風防下の撃墜マーク（青）6個のうち、下段右のそれは、B-29のシルエットに三式戦（赤）が交差した図柄で、1月27日の体当りによる撃墜を示している。

13. A group of civilian visitors poses in front of Kobayashi's plane for a photo on February 10, 1945. Note how nearly all paint has been stripped; the plane is in bare metal (duralumin). The antenna mast has been removed as well.

14.特攻隊直掩に出動する前、愛機「24」号の方向舵に、決意のほどを示す「必勝」（白）の文字を自ら揮毫する、小林戦隊長。当日の訓示で、特攻隊の効果がなお不充分であれば、自らも体当たり突入すると言明した戦隊長だけに、心に期するものがあったのだろう。

14. Kobayashi seen writing the kanji for "hissho" on the rudder of his aircraft, #24, before departing on a covering flight for aircraft on ramming attacks.

14

15

15.昭和20年3月19日、本州南方海上のアメリカ海軍機動部隊を攻撃するために出撃する、第18、19振武隊の直掩隊として、調布飛行場の掩体内から出発する直前の、小林戦隊長乗機「24」号機。画面右端に翻る日章旗が、特別な出撃を示唆している。

15. A shot of Kobayashi aboard #24 to fly cover for aircraft of the Shinbu-tai's 18th and 19th squadrons on March 19, 1945.

雄少尉、相共に戦いたる戦友なり。弟とも思いたる部下なりき。感状上聞に達し、二階級特進の安藤。……新垣、鈴木また予の僚機として出動。ともに敵グラマンと交戦。敢然衆敵に向かいたる勇壮極まりなき戦闘、眼に浮ぶ。きりりと締めたる日の丸の鉢巻、新垣少尉、第二分隊長鈴木伍長、僚機。安藤伍長僚機。報告の声は、なお耳朶を打つ。「コチラハ、アンドウアンドウ」特徴ある無線、追懐切々たり。予、独り生く。噫。午後、坊やの葬儀執行」

◎最後の帝都防空戦

昭和20年3月10日以降、B-29は、それまでの軍事目標に対する昼間の高々度爆撃に加え、主要都市の一般家屋を目標にした夜間無差別爆撃戦術も併用するようになり、本土防空戦はさらに凄惨なものになっていった。

こうした背景があってのことと推測されるが、防空任務を解かれていた244戦隊は、4月に入って第10飛行師団への復帰が下命され、すぐさま7日の邀撃戦に出動した。

この日は、対B-29戦が新たな段階を迎えた日でもあった。すなわち、それまで単独で日本々土に来襲していたB-29に、護衛戦闘機P-51マス

18

18.再び第10飛行師団隷下に復帰し、最後の帝都防空戦にあたっていた昭和20年4月、愛機「24」号を背に記念写真におさまった、小林戦隊長。時期的に、飛行帽裏、飛行服襟は毛皮付きの冬用ではなくなっている。1月までの迷彩と異なった、暗緑色マダラ状パターンがよくわかる。

16　17

タングが随伴するようになったのである。のちに、第二次世界大戦最優秀戦闘機と称される高性能のP-51の出現により、日本の陸、海軍戦闘機は、B-29にとりつく前に、このP-51の強固な「壁」を突破しなくてはならなくなり、邀撃はいっそう困難になったのだ。

244戦隊も、P-51の出現に驚いたが、各機は同機の防御網を巧みにかいくぐってB-29にとり

16-17. Type 3 Model 1 Tei Fighter, #5262. The upper surface has been marked in solid dark green. Besides the usual "hissho" markings on the drop tanks, one can also identify crew names and other slogans.

18. Kobayashi poses with his aircraft, #24, in April 1945.

16.17.P.56～57と同じく、特攻隊直掩任務に際し、機付兵とともに記念写真におさまった戦隊本部小隊僚分隊長、板倉雄二郎少尉（主翼上）。この三式戦一型丁、製造番号「5262」号機は、板倉少尉に割り当てられた乗機で、上面を暗緑色のベタ塗り迷彩にしている。戦隊長機「24」号と同様に、右、左の落下タンク前面に「必」「勝」と記入しているほか、右の拡大写真でよくわかるように、その傍に「武運長久」や、機付兵の名前も寄せ書きしてある（文字はすべて白）。

20　19

21

感状

飛行第二百四十四戦隊

右ハ戦隊長陸軍大尉小林照彦指揮ノ下
鉄石ノ団結ヲ鞏クシ　日夜猛訓練ヲ重ネ
不断ニ戦力ノ向上ヲ図リ　累次ニ亘ル米
空軍ノ来襲ニ方リテハ　毎戦赫々タル戦
果ヲ挙グ
　此ノ間戦隊長ハ　常ニ自ラ率先陣頭ニ
立チテ　果敢ナル邀撃戦闘ノ範ヲ示シ
特ニ昭和二十年一月二十七日ノ戦闘ニ於
テハ　自ラ必殺ノ体当リ攻撃ヲ決行シテ
B29ヲ撃墜シ　然モ落下傘降下ニ依リ死
中克ク活ヲ得ル等　其ノ烈々タル闘魂ト
垂範トニ基ク適切ナル指揮ニ依リ　部下
亦果敢必殺ノ戦法ニ徹シ　体当リ攻撃ヲ
決行スルコト十七回ニ及ビ　約半歳ノ間
ニ戦隊長以下克ク撃墜B29七十三機　F
6F十機　SB2C一機　撃破　B29九
十二機　F6F二機　撃墜破合計百七十
八機ノ戦果ヲ収メタリ斬ノ如キハ小林大
尉ノ身ヲ以テスル卓越ナル統率指揮ノ下
全部隊一丸ト為リ克ク皇土防衛ノ大任ヲ
完遂セルモノニシテ　其ノ功績抜群ナリ
仍テ茲ニ感状ヲ授与シ　之ヲ全軍ニ布告
ス

昭和二十年五月十五日

第一総軍司令官

元帥陸軍大将　杉山　元

19.20.天号作戦参加のため、調布飛行場を離れて九州に移動する直前、それまでの帝都防空戦における244戦隊の抜群の功績に対し、第一総軍司令官杉山大将から授与された感状とともに、記念写真におさまった小林戦隊長。左は、その感状の全文。

21.冬用飛行装具に身を固め、愛機三式戦の操縦席に座った、小林戦隊長。

19-20. Just before being transferred to Kyushu to take part in the Tengo offensive, Kobayashi received an Imperial decoration for the superb contribution of the 244th in the defense of Tokyo. Here's Kobayashi posing with the certificate from the Emperor.

21. Kobayashi in the cockpit of a Hien, in full winter flight wear.

つき、5機撃墜、4機撃破と健闘した。しかし、損害も出、戦隊長僚機の松枝友信伍長と前田滋少尉が戦死、河野敬少尉と古波津里英少尉は体当りを敢行して、古波津少尉は運よく落下傘降下して生還したが、河野少尉が戦死した。

4月12日にも、B-29とP-51約100機が武蔵野の中島飛行機工場を目標に来襲し、244戦隊も情報をうけて邀撃出動した。しかし、敵編隊は房総半島の南部で旋回し、さらには天候不良により視界が効かなかったせいもあって接敵できず、調布に戻って再出動準備にかかった。

燃料補給中に敵機侵入の情報が入ったため、真っ先にこれを終えていた戦隊長のみが単機で出動、山梨県の大月市付近上空まで追撃して、B-29 1機を撃破したが、戦隊長機も被弾して操縦不能となり、落下傘降下により生還した。

戦隊長は、右足に機関砲弾破片の盲貫創をうけて負傷しており、ただちに調布市内の柴崎病院に入院したが、のちに一週間もたたないうちに戦隊に戻り、陣頭指揮する勇壮ぶりをみせる。

翌13日の深夜、B-29約170機が帝都に侵入してきた。負傷入院のため戦隊長は不在だったが、244戦隊は竹田、生野、白井各飛行隊長以下の夜間飛行熟練操縦者を選抜して全力出動し、探照灯の支援をうけながら、味方の損害ゼロで、10機撃墜、6機撃破の高戦果をあげた。

さらに、15日深夜のB-29約200機による帝都来襲時にも、244戦隊は大いに健闘し、16機撃墜、8機撃破と、1回の戦闘としては、それまでで最高の戦果を記録した。これは、隊員の夜間飛行訓練が徹底し、B-29が低空で侵入してきて探照灯が容易に捕捉でき、照準し易かったためと思われた。

この夜の戦闘で最も気を吐いたのは、第三飛行隊「みかづき」の市川忠一中尉で、2機撃墜、1機撃破したあと、なおも別の1機に体当りを敢行して撃墜、落下傘降下により生還を果たした。

また、藤沢浩三中尉も1機撃墜後に体当りして落下傘降下、生還している。

4月24日、立川方面にB-29約120機が来襲し、244戦隊は、小林戦隊長の陣頭指揮で全力出動した。去る15日夜の戦闘による負傷が、まだ癒えていなかった市川忠一中尉も参加した。

各隊は健闘し、戦隊長自身の1機撃墜、1機撃破を含め、4機撃墜、13機撃破の戦果をあげた。

すでに、前日の23日、244戦隊は三式戦に代わる新鋭機、五式戦（キ100）への機種改変に着手しており、この日の空戦が、三式戦による最後のものとなり、昨年末以来の帝都防空戦としても最後の機会になった。

戦隊長日記。「我が部下ながら神様なり。頭の下がる思いなり。我が部下は神なり。愛する部下はみな神の如き人々なり」

◎転機

五式戦への機種改変が完了するとともに、244戦隊は、5月12日付けをもって第30戦闘飛行集団隷下に戻され、「天号作戦」参加のため九州への移動が命じられた。

15日、244戦隊の、それまでの防空戦における顕著な功績に対し、第一総軍司令官杉山元大将から部隊感状が授与され、さらには、これが上聞に達っする（天皇陛下に知らされること）という、最高の栄誉に浴した。このことは、6月3日陸軍省発表として新聞誌上で大きく報道され、「小林戦闘機隊」の名声は全国に知れわたることになる。

五式戦に改変した244戦隊員の士気はさらに高まり、部隊感状授与の栄光にもあと押しされ、17日、小林戦隊長に率いられた36機は、新たな戦場となる、鹿児島県の知覧飛行場めざして調布を飛び立って行った。

■小林戦隊長乗機を中心とした244戦隊三式戦の塗装例

Marking examples of Hiens in the 244th Sentai, primarily those flown by Kobayashi.

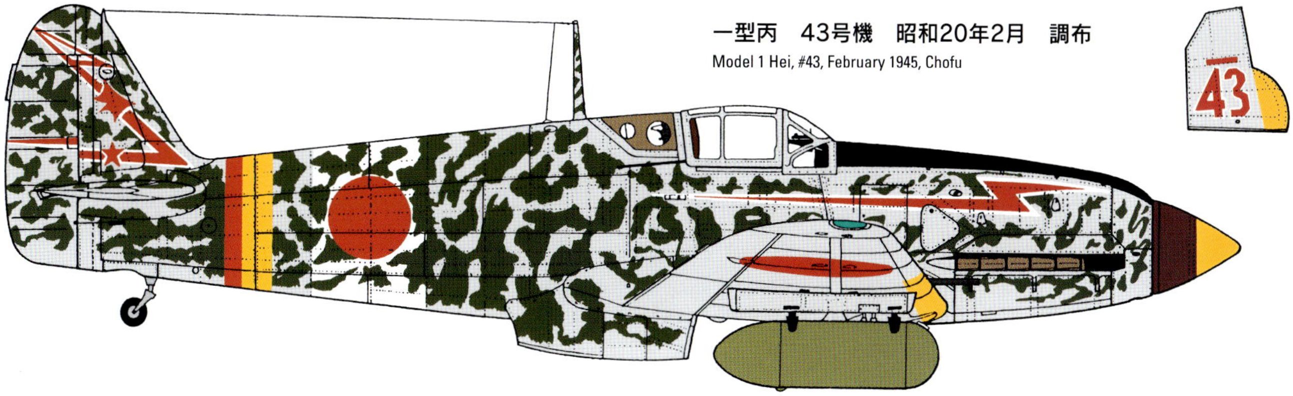

一型丙　43号機　昭和20年2月　調布

Model 1 Hei, #43, February 1945, Chofu

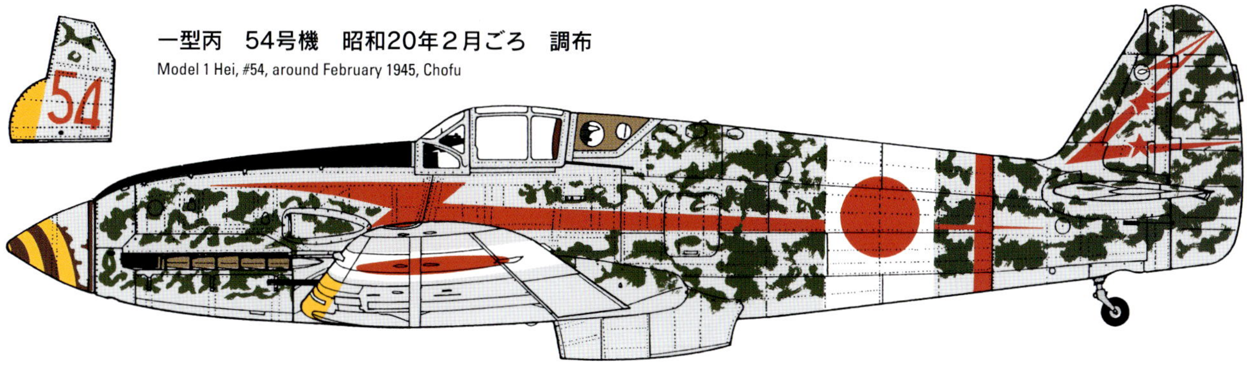

一型丙　54号機　昭和20年２月ごろ　調布

Model 1 Hei, #54, around February 1945, Chofu

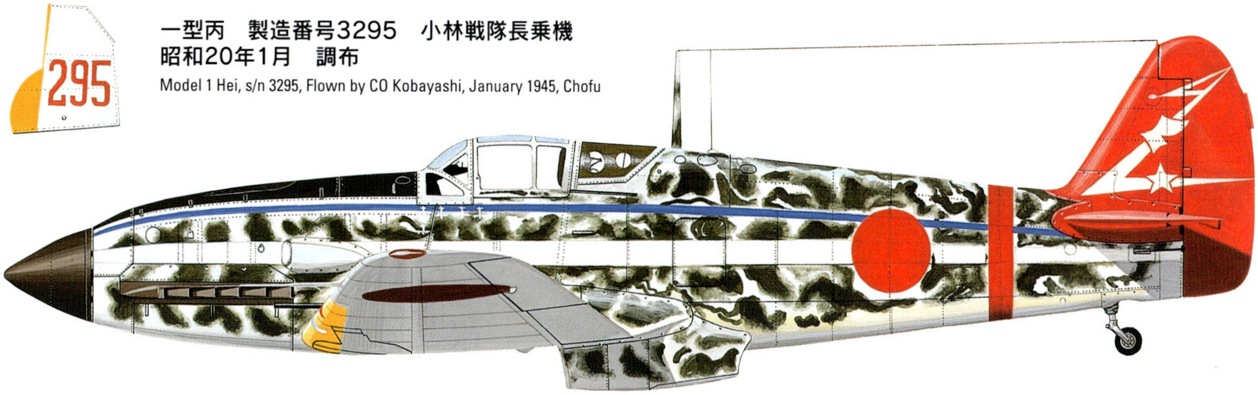

一型丙　製造番号3295　小林戦隊長乗機
昭和20年1月　調布

Model 1 Hei, s/n 3295, Flown by CO Kobayashi, January 1945, Chofu

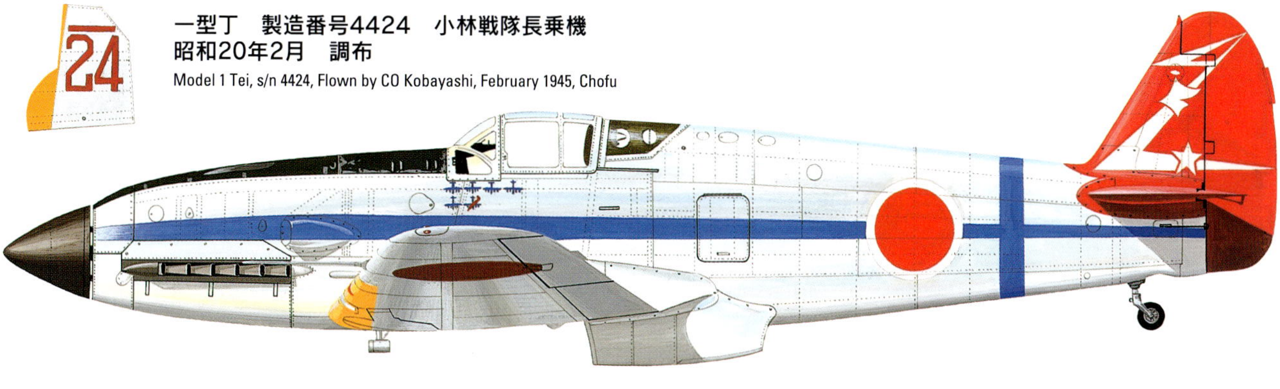

一型丁　製造番号4424　小林戦隊長乗機
昭和20年2月　調布

Model 1 Tei, s/n 4424, Flown by CO Kobayashi, February 1945, Chofu

昭和20年3月、帝都防空任務を解かれ、本土近海に接近したアメリカ海軍機動部隊を攻撃する、第18、19振武隊の直掩任務を下命された飛行第244戦隊の、小林戦隊長乗機三式戦一型丁製造番号4424号機。左、右落下タンク、方向舵に記入された「必勝」の文字は、任務の重大さに対する決意の程を表している。主翼前縁の味方機識別帯を赤に塗り直したのも、同様の処置（ただし、実際の出撃日には黄色に戻されたようだ）。

In March 1945, Kobayashi and the 244th were relieved of Tokyo air defense duties and ordered to protect the 18th and 19th "Shinbu-tai" units responsible for attacking approaching American naval vessels. This is an artist's rendition of his #4424 flown in that assignment.

必勝
勝
S. Nohara '04.5

一型丙　88号機　第一飛行隊長　生野文介大尉乗機
昭和20年2月　調布
Model 1 Hei, #88, Flown by 1st Squadron Leader Capt. Fumisuke Ikura February 1945, Chofu

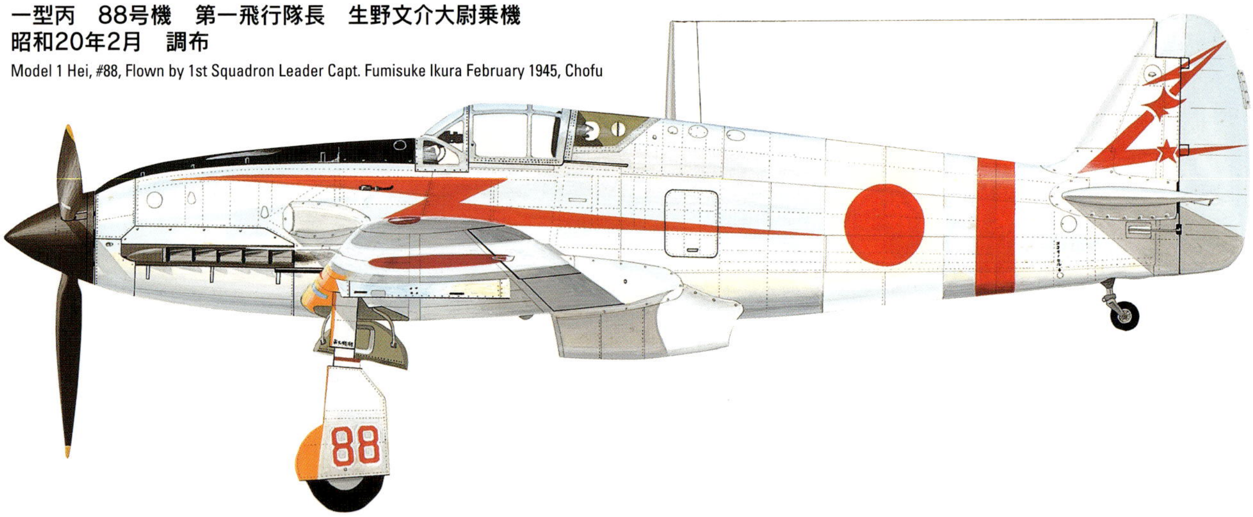

一型丁　87号機　小林戦隊長　昭和20年4月　調布
Model 1 Tei, #87, Flown by CO Kobayashi, April 1945, Chofu

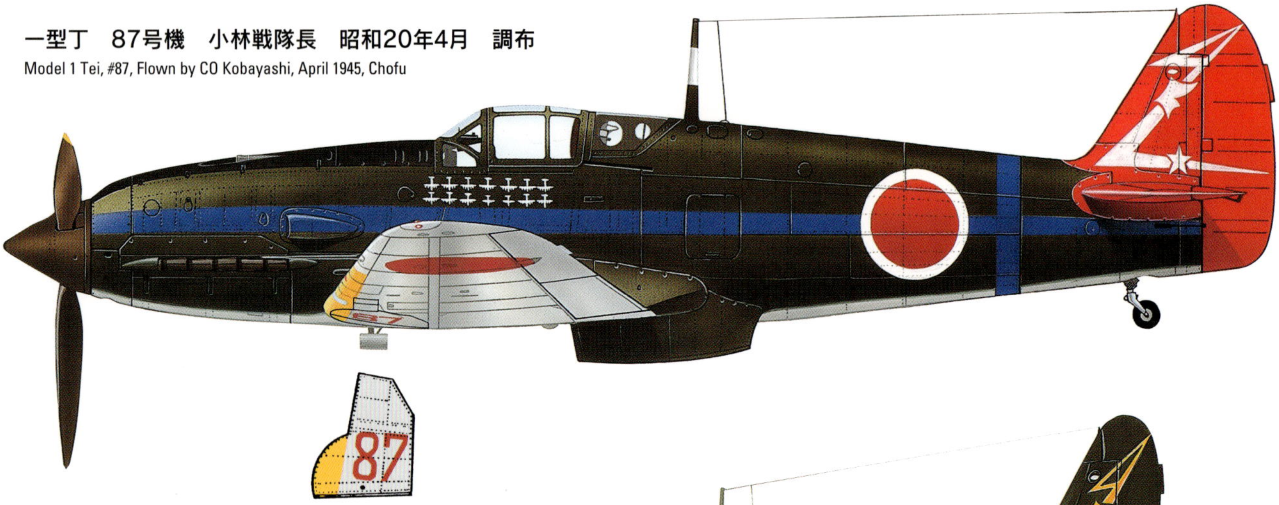

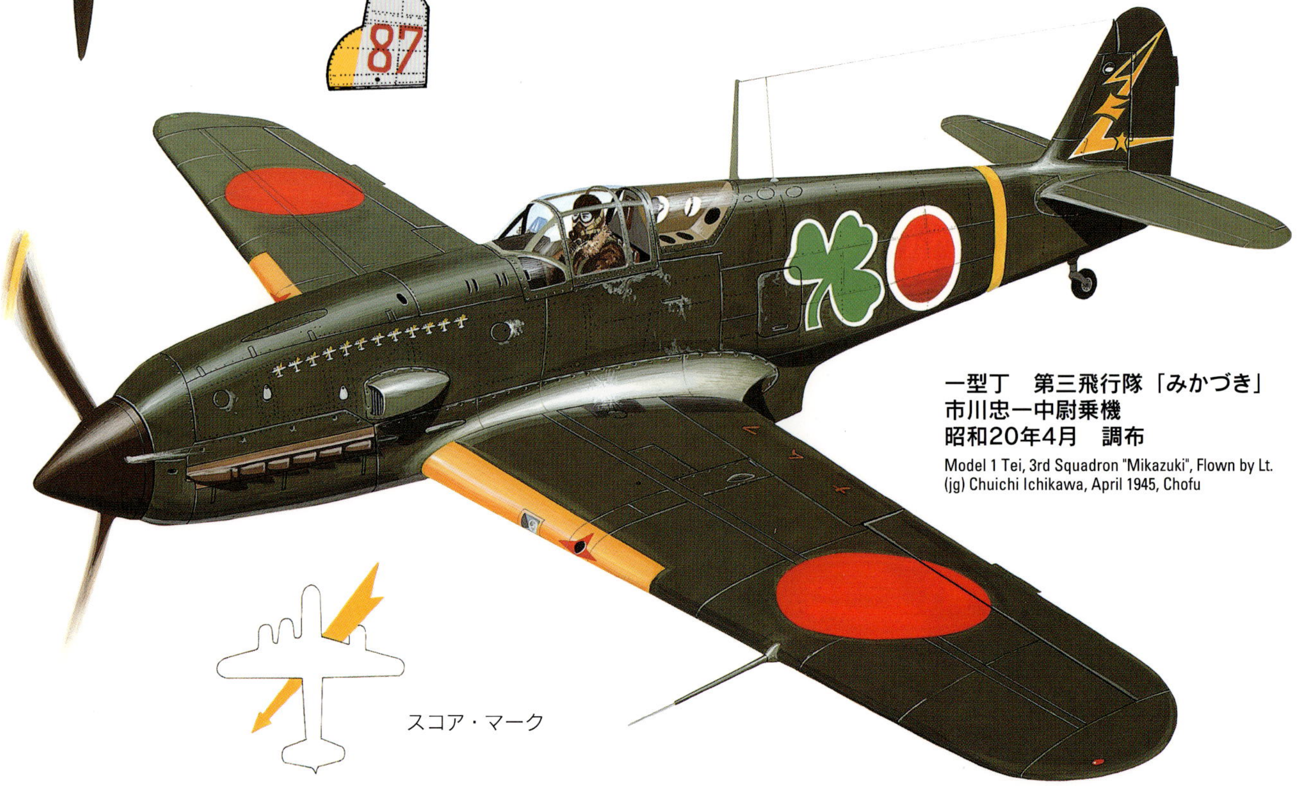

一型丁　第三飛行隊「みかづき」
市川忠一中尉乗機
昭和20年4月　調布
Model 1 Tei, 3rd Squadron "Mikazuki", Flown by Lt. (jg) Chuichi Ichikawa, April 1945, Chofu

第4章 神風号とニッポン号の偉業

快翔する「神風」号。連絡飛行達成後、大阪の朝日新聞本社が記念に市販した、絵はがきの1枚である。

A commemorative postcard issued by the Asahi Shimbun (newspaper) after the historic flight by the "Kamikaze-go."

◎新聞航空という名の特異分野

今日、世界各地で起こった出来事が、通信衛星を介して、リアルタイムでテレビに映し出される状況からは想像もつかないが、太平洋戦争以前の時代、日本国民にとって、様々なニュースを読み、見ることができる媒体といえば、新聞が唯一であった。

ラジオ放送があったではないかと言われそうだが、当時のラジオ局は現地特派員など配置していたわけではなく、電話回線を使ってナマ報道しようにも、その手段がなかった時代なのだ。

そこで、有力な新聞社が、取材ネタをより速く誌面に載せる手段として目をつけたのが、航空機であった。現場になるべく近い飛行場まで飛び、そこで現地の記者、カメラマンがモノにしてきた記事や写真を受け取り、急ぎ本社へと届けるのである。

もっとも、当時の航空機の性能からして、世界各地に飛んでいけたわけではなく、記者、カメラマンの派遣能力からしても、中国大陸、台湾あたりくらいまでが、即日、もしくは翌日報道できる範囲だった。

戦前の日本新聞業界を牛耳っていた大手は、朝日、毎日の両社で、お互いが速報能力で相手を凌ごうと、少しでもスピードの速い航空機の導入に血眼となった。

現代でもそうだが、軍用、民間を問わず、スピードに勝る航空機といえば、前者に集約される。それも、スピードを最優先する戦闘機または偵察機だ。戦前も同じで、両社は、陸、海軍から用廃となって払い下げられた軍用機などを中心に装備したのだが、外国からの輸入機も積極的に使った。

両社の保有する航空機によるスピード競争は、昭和ひと桁時代後半に入ってエスカレートし、中国大陸要部と本土間、あるいは東京から大阪までの連絡飛行時間の短縮にしのぎを削るようになった。

◎欧亜連絡飛行

そういう雰囲気のさなかの昭和11（1936）年、朝日新聞社は、自社の連絡飛行能力、さらには、日本の航空技術の喧伝、あわせて世界記録樹立の野望も含めた、欧亜（ヨーロッパ／アジアの意）連絡飛行という、かつてない壮大な計画を立てた。

表向きの目的は、イギリスの国王、ジョージVI世の戴冠式への参加と慶祝飛行であったが、真の狙いは前記したようなものだった。

問題は、この前例のない壮挙に使用する航空機をどうするかだった。既存の保有機では、世界にアピールするだけの新鮮味に欠け、また性能上からも、世界記録樹立を狙うには心もとない。

そこで、朝日の航空部は陸軍航空本部に掛合い、同年5月に初飛行したばかりで、戦闘機をしのぐ快速（480km/h）が話題になっていた偵察機、キ15（のちの九七式司令部偵察機）を使用したいと申し込んだ。

新しい機種、しかも原型機が初飛行していくらも経っていない軍用機を、いかに国威示唆の目的とはいえ、民間に転用することなど、通常では裁可されるはずもなかったが、陸軍航空本部の英断によりそれが認められ、製造メーカーの三菱に対し、11月に2機の同型機が発注された。もちろん、機体内部艤装は民間仕様に改め

■三菱　キ15　組立三面図（兵装意外は民間の雁型通信機も同型）

Three-view diagrams of the Mitsubishi Ki-15. With the exception of the armament, it's identical to the civilian communications plane.

■「神風」号主要目　Kamikaze-go Specifications before

全幅：12.00m、全長：8.490m、全高：3.465m、全備重量：2,300kg、
発動機：中島ハ-8空冷星型9気筒（640hp）×1、最大速度：480km/h、
実用上昇限度：11,400m、航続距離：2,400km以上、乗員:2名。

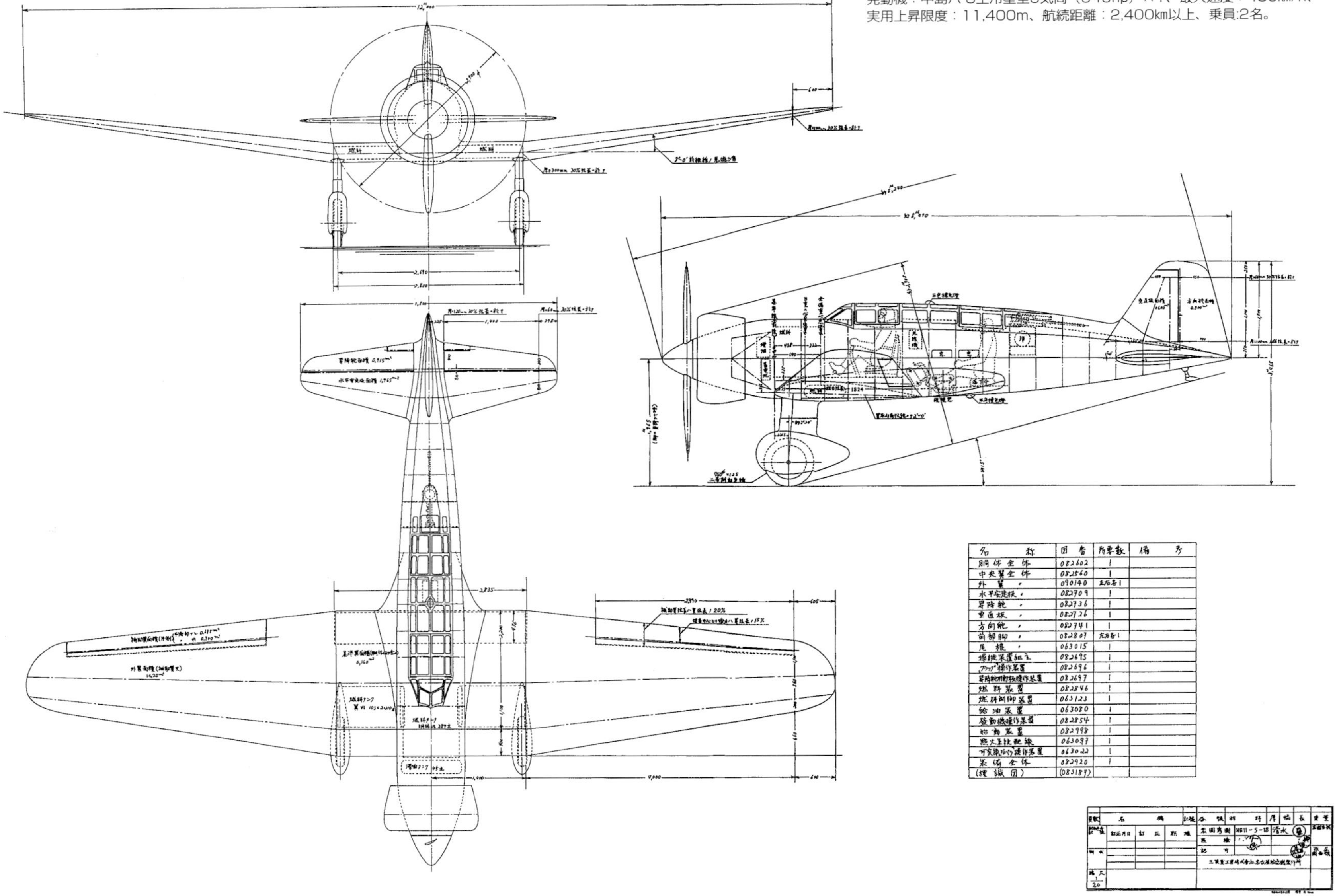

1

1.2.出発を翌日に控えた昭和12年4月1日、東京の羽田飛行場で挙行された、命名、および出発式典の様子。「神風」号の周囲四隅には竹笹が立てられ、神主による御払と玉串献上の場も設けられ、建築物の上棟式に則った儀式がとり行なわれた。左、右には皇室代表の東久邇宮殿下をはじめ、陸、海軍航空関係者等も多数紹待されており、その規模の大きさがわかる。

1-2. The departure and naming ceremony held at Tokyo's Haneda airport on April 1, 1937, the day before the plane's departure.

2

3

3.これも、出発前の何かの式典における光景で、「神風」号の前で神主による御払が行なわれている。プロペラのすぐ横に、塚越機関士の姿が写っている。ローマ字の機体名称、主翼上面の大きな民間機登録記号が目立つ。

3. Shinto priests bless the aircraft at another ceremony prior to its departure.

4

4.5.まばゆいばかりの照明灯に照らされ、漆黒の夜空に向けて立川飛行場から飛び立とうとする「神風」号。最初の出発日、4月2日は天候不良のため途中から引き返しており、再度の出発は4日後の6日だった。この二葉の写真がいずれのものか断定しかねるが、下写真は6日のものともいわれている。見送りの関係者も少なく、以外なほどにひっそりしたスタートだった。レーダーはむろんのこと、マーカー・ビーコンなどの地上航法支援システムなどもなかった当時、神風号の飛行は文字どおり「命がけ」だった。

4-5. Under powerful searchlights, Kamikaze-go prepares to head into the night from the Tachikawa air field.

5

たうえでの引き渡しとなり、一般には「三菱雁（かりがね）一型通信機」と称した。このいきさつを見てもわかるように、当時の大新聞社は、大なり小なり軍との結び付きがなければ、優秀な機材を導入することは不可能だった。

昭和12（1937）年元旦の朝日新聞朝刊誌上にて、この計画が大々的に発表されると、日本国中が大いに沸き、順を追って行なわれた機体愛称、声援歌、飛行時間予想（懸賞付き）の公募キャンペーンには、それぞれ53万6千余、4万4千余、424万5千余票もの多数が殺到した。当時としては、まさに空前絶後のことといってよい。

3月19日、三菱工場から1号機が納入され、公募により「「神風」（かみかぜ）」号と命名された同機は、大阪～東京間、福岡～東京間を、それぞれ新記録となる短時間で“慣らし飛行”し、本番に備えた。

「神風」号の乗員に抜擢されたのは、朝日新聞社航空部の飯沼正明操縦士（当時26才）、塚越賢爾機関士（同38才）の2名で、ともに技倆優秀な民間飛行士であった。

◎イギリスに向けて出発

「本番前」の準備をすべて整えた「神風」号と飯沼、塚越両飛行士は、昭和12年4月1日、東京の羽田飛行場において、皇室名代の東久邇宮殿下をはじめ、陸、海軍、および民間の航空関係者、それに一般人ら1万数千名が参加しての盛大なる壮行式をうけ、翌2日午前1時44分、立川飛行場から、最初の中継地台湾に向けて離陸した。

深夜のこととて、このときは、朝日の関係者約30名が見送るだけの、のちの快挙を思えば、じつにひっそりとしたスタートだった。出発を深夜にしたのは、日中の飛行時間をできるだけ長くとり、第1日目の宿泊予定地、ビルマのラングーンに辿り着くためだった。

しかし、この日は九州以南の天候が悪く、とても台湾まで飛べそうになかったため、止むなく途中から引き返し、再起を期すことにした。

飯沼、塚越両飛行士の焦りを助長するように、3、4、5日と3日間も天候が回復せず、彼らの忍耐力も限界に達っしようとした6日、ようやく飛行可能な気象状況となり、二人は「今度こそ」の気概をみなぎらして、やはり深夜の午前2時12分に立川飛行場を離陸した。

本州、四国、九州の海岸線に沿い、高度3,000mを保ちつつ南下、沖縄列島付近で日の出を迎え、午前10時21分、予定どおり最初の

■神風号の飛行ルート　Kamikaze-go's flight route

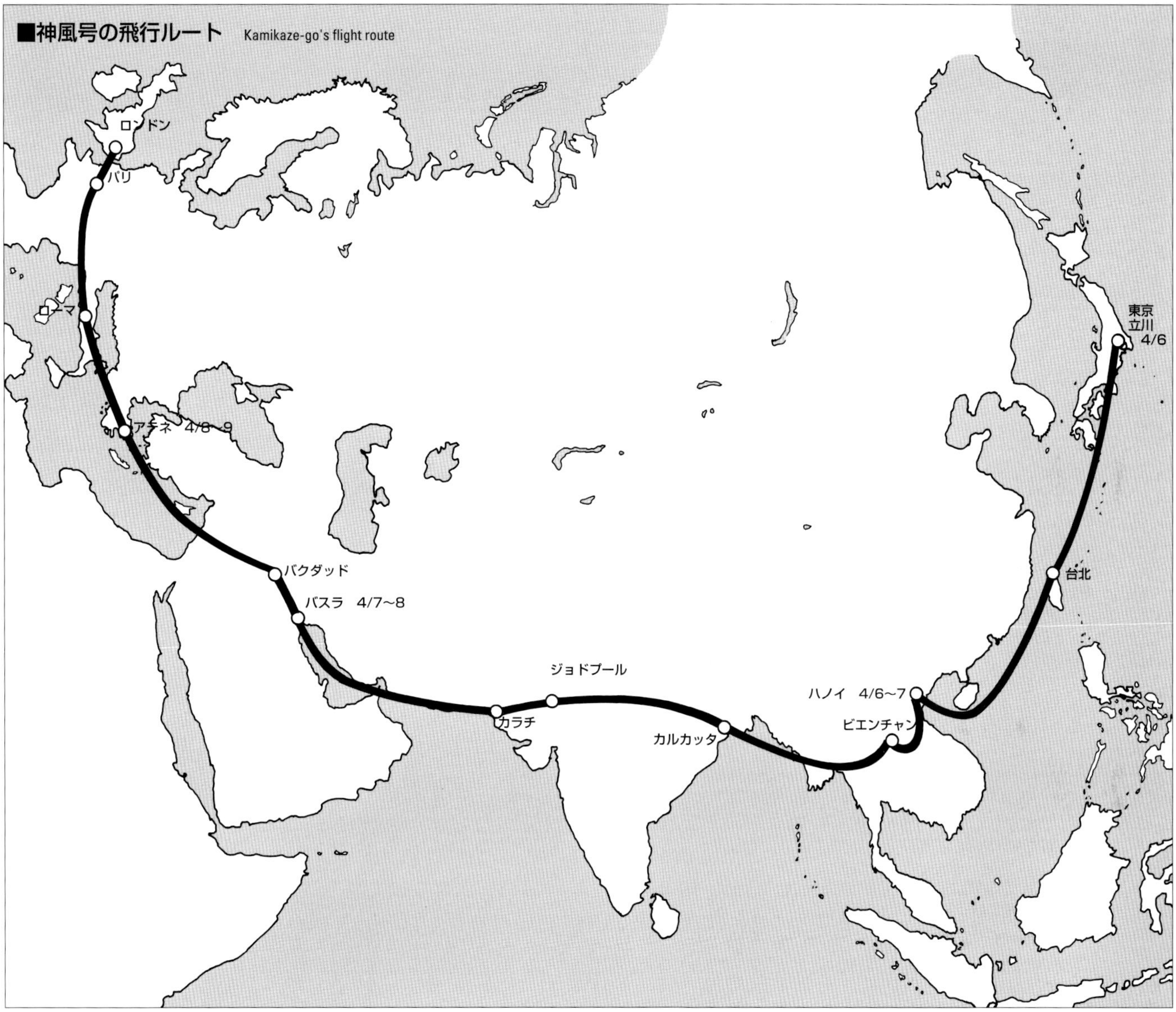

中継地、台湾の台北飛行場に到着した。

しかし、連絡飛行の世界記録樹立を狙っているため、ゆっくり休む間もなく、燃料補給をうけるとすぐに離陸した。当時、日本の統治下にあった台湾は、事前に連絡をうけていたため、在留日本人たちが多数飛行場に詰めかけており、それらの人々の盛大な見送りを受けての慌しい出発だった。

台北をあとにした「神風」号は、中国大陸沿岸に沿って南下、海南島南方を航過し、午後4時40分、仏印（フランス領インドシナ――現ベトナム）のハノイ飛行場に到着した。

ハノイにも在留日本人が居て、暖かく出迎えてくれたが、ここも中継地なので休憩に約1時間滞在しただけで、5時41分にはもう離陸した。

今日、第1日目の宿泊地はビルマのラングーンを予定していたのだが、予想以上に時間がかかってしまい、同地到着は日没後になることがわかったため、ハノイから南西に500km/hしか離れていないビエンチャン（現ラオスの首都）に変更した。

2日目は、早朝6時24分（現地時間）にビエンチャンを離陸し、当初の第1日目宿泊予定地のラングーンは素通りし、ベンガル湾に面したビルマの海岸線沿いに飛び、広漠としたガンジス川河口のデルタ地帯の地点標定に難儀しつつ、正午すぎに無事インドのカルカッタ飛行場に到着した。

同地には、朝日の特派員が駐在していたため、知らせをうけた在留日本人のほとんどが、手に手に日の丸の小旗をうち振って「神風」号を出迎え、飯沼、塚越両飛行士を感激させた。

しかし、それも束の間のことで、燃料補給が済むと、ただちに離陸し、針路を真西にとってインド大陸横断コースに入った。下界は一面の乾ききった褐色の大地、気流が悪いうえに強い向かい風、それに遮るものとてない太陽光の直射が、風防ガラスを通して乗員室に照りつけるという厳しい条件下での飛行に、さすがの2人も「地獄の苦しさ」と弱根をはいたが、夕刻5時半、無事にジョドプールに到着した。

しかし、ここジョドプールも2日目の最終目的地ではなく、「神風」は燃料補給もそこそこに、30分と経たぬうちに離陸し、太陽が沈むのと競争するかのようにスピードをあげて飛び、日没とほとんど同時、午後7時50分にカラチ飛行場に到着、ここで2泊めの宿をとった。

朝、4時に起床して6時24分に離陸し、それから途中2回、中継地でのわずかな休憩をはさんだだけで、半日以上も飛び続けたことになり、前記したごとく苛酷な条件も重なり、2人はた

6

7

6.7.「神風」号の離陸滑走、および飛行中の力強さに溢れたショット。当然のことながら、連絡飛行は単機のため、途上の空撮写真は望むべくもなく、各中継地への立ち寄りを撮影した写真も限られており、壮挙の臨場感を伝えられないのが残念である。この二葉は、連絡飛行の前、後に国内で撮影されたものであるが、雰囲気は感じとってもらえると思う。当時の最新鋭高速軍用機だけに、一分の隙もない、引き締まったスタイルだ。

6-7. Fine shots of Kamikaze-go on a takeoff roll, and in flight.

だ死んだように眠りこける。

翌8日、この日も朝4時に起床すると、朝食もそこそこに、2人は飛行場に向かい、昨夜のうちに燃料補給をすませておいた「神風」号に乗り込むと、まだ暗いカラチ飛行場を5時30分に離陸し、西へ向かった。1時間も経ったころ、ようやく東の空が白みはじめ、真後ろから朝日が射してくる。

「神風」号は、高度3,450m、速度320㎞/hを保ちながら、ペルシャ（現パキスタン、イラン）の海岸線に沿って飛行し、ペルシャ湾上空を航過、午後12時15分イラクのバスラ飛行場に着陸した。

さすがにここまでくると、在留日本人は1人もいない。2人は燃料補給と税関手続きを済ませると、すぐに離陸した。そして、1時間45分後にはイラクの首都バクダットの飛行場に到着する。

同地には、朝日の特派員も駐在していて、商事会社の派遣員家族の暖かいもてなしもうけたが、45分間という短かい休憩をとっただけで、すぐに離陸した。今日は、いよいよヨーロッパの空に入ることになるので、時刻をグリニッジ標準時に合わせる。それに従えば、バクダット離陸は午後零時半だ。

現在のシリアの町、ホムス上空を航過して地中海上空に出た「神風」号は、発動機も快調にまわりつづけ、5時間の飛行ののち、日没寸前のギリシャ・アテネ空港にすべり込んだ。ヨーロッパに第一歩を印したことに、2人も感激ひとしおだった。

この3日目の宿は、アテネ郊外の山腹にあるホテルが用意され、ゆっくりと疲れをいやすことができた。

明けて4月9日、今日はついにゴールのイギリス・ロンドンに到着することになる。はやる気持をおさえるように、「神風」号は午前5時35分、アテネを離陸し、最初の中継地イタリアのローマを目指した。

アテネとローマの間は、直線距離にして1,030㎞しかない。「神風」号はイオニア海をまたぎ、イタリア半島を東南方向から斜めに横断するようにして、ナポリ上空を航過、3時間余ののちローマ空港に到着する。

ローマでは、杉浦駐イタリア大使、ムッソリーニ首相代理の、マトリアルジ将軍らも出迎えるほどの歓待ぶりに、2人も大いに感激したが、それに浸る間もなく、燃料を補給し終えると、雨上がりでぬかるむローマ飛行場をあとに、最後の中継地フランスのパリに向かった。

ローマとパリの間も、1,100㎞しかなく、「神風」号にとっても3時間半程度の飛行時間にすぎないが、途中、飛行士にとっては難所ともいえるアルプス山脈越えがあり、油断はならない。

「神風」号は、慎重にカンヌ上空からヨーロッパ大陸に入り、アルプスの峰々をすぐ眼下にしつつリヨン上空に出、難所を無事通過して、多勢の人々が集まった、パリのル・ブールジェ飛

■「神風」号四面図　Four-view diagrams of Kamikaze-go

■「神風」号塗装メモ

全面は無塗装ジュラルミン地肌のまま、スピナーを含めた機首から風防後部にかけてと、主脚覆上部は青、胴体両側と主翼上、下面に民間機登録記号「J-BAAI」を黒で記入し、方向舵、水平安定板上、下面に、接頭記号「J」を黒で記入している。両主翼端下面と操縦室両側の朝日新聞社々標は赤と白、後者の前方に機体名称が左側はローマ字、右側は漢字でそれぞれ記入してあり、同後方には朝日の機体番号が左側はASAHINo.118、右側は「號八十百第日朝」と小さく記入（ともに黒）してある。方向舵下部の小さな文字は、三菱重工の社標と社名（黒）。なお、プロペラは表面無塗装ジュラルミン地肌で先端に赤帯1本、裏面はツヤ消し黒。

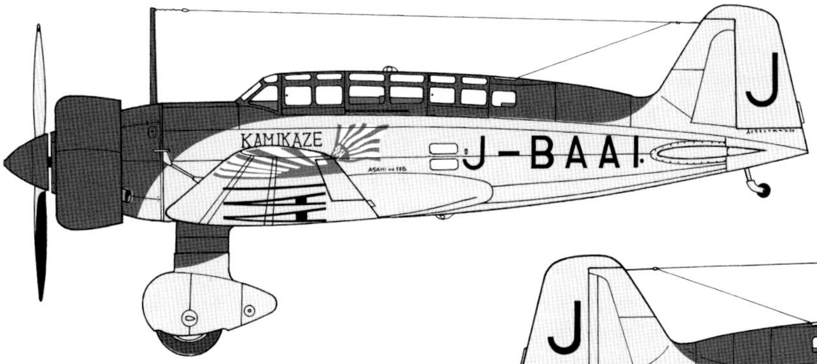

8

9

8.9.立川を出発してから4日目の、昭和12年4月9日午後3時30分（現地時間）、イギリスはロンドンのクロイドン飛行場に到着した「神風」号。すでに、ニュースでこれを知っていた多勢のマスコミ関係、および市民たちが飛行場に詰め掛け、たちまちにして「神風」号の周囲は黒山の人だかりとなった。

Kamikaze-go arriving in London, England four days after departure, April 9, 1937 (3:30pm local time).

行場に到着する。

しかし、憧れのパリも、今度の飛行ではあくまで中継地のひとつなので、準備が整うと、すぐさま離陸し、ゴールのイギリス・ロンドンを目指した。

パリとロンドンの間はわずか357kmしか離れていない。「神風」の速度なら2時間もかからない距離だ。飯沼、塚越両飛行士は、パリでの歓待の余韻がまだ抜けきらないまま、午後3時30分、ロンドンのクロイドン空港に到着した。

クロイドンでも、すでにニュースを聞いていた市民たちが、多勢詰めかけて彼ら2人を取り巻き、はるか1万5千kmもの彼方の東洋から、たった1機で飛んできたちっぽけな単発機を、感嘆の面持ちで見つめた。

ただちに記録がまとめられ、総飛行距離15,357km、所要時間94時間17分56秒（実飛行時間は51時間19分23秒）、平均速度162.8km/h（中継地での燃料補給、休憩時間を含む）と出た。都市間連絡飛行の新記録、FAI（国際航空連盟）公認の世界記録樹立だった。

ロンドン到着時、日本は10日未明、午前零時半だったが、ラジオ・ニュースを通してこの知らせをうけると、国中が沸き立ち、東京、大阪の朝日新聞社前には大群衆が詰めかけ、万才を連呼した。飯沼、塚越両飛行士の生家がある町では、朝まで提灯行列がねり歩くという熱狂ぶりだったらしい。むろん、朝日をはじめ主要各新聞も、この快挙を1面トップで大々的に報じたから、普段、航空機に何の知識も持っていなかった一般国民、ほんの小学生たちまでがこのことを知り、国中が興奮に包まれた。

そして、驚くべきことに、懸賞付き所要時間予測に応募してきた、424万5千票余りの中に、正解票が5通もあり、うち1人は13才の少年ということだった。

世界記録樹立もさることながら、「神風」号の訪欧飛行成功は、各国の航空関係者、とりわけ軍事航空関係者に大きな衝撃を与えた。それまで、日本を単なる航空後進国としてしか見ていなかったイギリスは、「神風」号の洗練されたスタイル、超長距離飛行、苛酷な条件にもかかわらず、まったく故障らしいものもなく稼動しつづけた発動機に対し、秘かな警戒心を抱かずにはいられなかった。朝日新聞社、それに実質

10.「神風」号のロンドン到着を、4月10日の朝刊1面トップで報じた朝日新聞。むろん、当時のこととて電送写真手段などなく、記事と両飛行士の顔写真だけによる報道だった。

11.欧亜連絡飛行・世界記録達成の壮挙を成し遂げた「神風」号が、出発から45日目の昭和12年5月21日午後零時半、内地帰還の第一歩を印した地、大阪の城東練兵場に着陸したシーン。朝日新聞社の関係者とともに、多勢の市民も詰め掛け、歴史的偉業を達成した機体と、2人の飛行士を出迎えた。画面上方の遠くに、大阪城の天守閣が見えている。

12.城東練兵場の朝日新聞社格納庫前で、ひととき翼を休める「神風」号の周囲を、熱狂した人々が取り巻いたシーン。本機が、国民にとってどれほどの大きな関心の対象であったかが察っせられよう。

10. The front page of the Asahi Shimbun from April 10, 1937, proudly announcing the plane's arrival in London, and it's new world record as the day's top news.

11. 45 days after setting the record for a flight from Asia to Europe, Kamikaze-go set back down in Japan at the Joto training grounds in Osaka on May 21, 1937 at about 12:30pm.

12. Excited fans of the plane surround it at the Asahi Shimbun hangar at Joto.

大阪朝日新聞

今曉・零時三十分（日本時刻）

遂にロンドンに安着

鵬程一萬五千三百キロ

わが國最初の榮冠獲得

【ロンドン特電九日發至急報】神風號は遂にロンドンに着いた、九日午後三時三十分（日本時間十日午前零時三十分）である、萬歳!!

〝神風〟に輝く世界新記録

ローマ、パリを通過

神風所要時間

兩勇士は語る

クロイドン飛行場に見事な着陸

10

11

12

的に後援者の立場だった陸軍が、内心「してやったり」とほくそえんだことは言うまでもない。まさに「偉業達成」以外の何ものでもなかった。

◎「神風」号と2人のその後

ロンドン到着後、「時の英雄」となった飯沼、塚越の両飛行士は、16日ベルギー、ドイツ、20日フランス、24日イタリアと、それぞれ空路表敬訪問するなどして、親善特使としての役をつとめた後、5月14日、ロンドンのクロイドン空港を飛び立ち、帰国の途についた。

目的は達成したので、帰路はのんびりと船便で帰国し、「神風」号も分解梱包して送り返してもらえばよいではないか、という意見も多かったが、2人には、ジョージⅥ世の戴冠式の様子を記録したムービー・フィルム、写真をなるべく早く社に持ち帰るという、本来の新聞航空部員としての責務もあったので、リスクを承知済みで、帰路も「神風」号を使うことに決めたのだった。

そして、往路と同じ南回りのコースを、無理をせずに7日間かけてゆっくりと飛び、5月21日午後3時45分、雨の降りしきる東京・羽田飛行場に帰り着いた。4月6日に立川飛行場を出発してから45日目のことである。

「英雄」の凱旋をひと目見ようと、雨にもかかわらず、多勢の人々が羽田飛行場に詰めかけ、その大歓声の中を降り立った2人は、出迎えた朝日新聞社長に訪欧飛行成功を報告した。

翌日、2人は皇居に招かれ、天皇陛下に拝謁

13.訪欧連絡飛行成功後の、「神風」号の発動機試運転シーン。本機が搭載した中島製九四式五五〇馬力発動機は、すでに、九三式双軽爆、九四式偵察機などに搭載されて、その実用性の高さに定評があり、超長距離飛行、熱帯地での苛酷な運用条件にもかかわらず、「神風」号がまったく故障らしいものに悩まされず、記録達成するのに多大の貢献をした。

14.訪欧飛行から帰国後、各地で開催された記念行事のひとコマで、多勢の人々が詰め掛けた式典会場上空を、超低空で航過する「神風」号。12年5月22日、明治神宮外苑で行なわれた報告会での模様らしい。垂直安定板に、記録達成を示す文字が記入されている。

13. An engine test for Kamikaze-go. This shot was probably taken shortly after the historic flight.

14.Kamikaze-go makes a low pass prior to landing over a ceremony being held for it somewhere in Japan after its return.

してお言葉を賜ったが、当時、民間人としてこのような待遇をうけることは、極めて稀なことだった。それだけ、2人の「偉業」が日本にとって大きかったということである。

今や、「時の人」となった2人は、各地の報告会、歓迎会などに引っ張り出され、目のまわるような多忙な日々を送ったのだが、そうした慶祝ムードも、いっぺんに吹き飛んでしまう「大事」が起こる。

いうまでもなく、7月7日未明に中国大陸の北京郊外で、日・中両軍が武力衝突し、それが全面的な戦争、すなわち日中戦争（当時の呼称は支那事変）へと拡大したのだ。

朝日新聞航空部も、ただちに「戦時体制」に切り替わり、社有機は現地の第一報を得るために、次々と中国大陸へ飛んでいったが、「神風」号と飯沼飛行士にも大陸派遣が命じられ、14日には天津に到着した。

この日以後、「神風」号と飯沼飛行士は、大陸での戦闘を取材した記事、写真を本社に運ぶために、数えきれぬほど大陸と日本々土間を行き来することになるのだが、ときには陸軍の依頼をうけ、戦場付近の敵状偵察までこなした。

じつをいうと、飯沼、塚越両飛行士は、民間人とはいえ、陸軍の予備役航空兵（階級は伍長）でもあり、訪欧飛行成功のあと、平時としては異例ともいえる、軍曹への進級を果たしていたから、事実上の軍属扱いに近かった。

大陸進出から12年9月末まで、飯沼飛行士とペアを組んだのは永田機関士であったが、10月に入ると、再び塚越機関士が戻ってきて、息のあった仕事ぶりをみせる。

ただ、飯沼飛行士は大陸と本土の間を往復するために、すべて「神風」号を使用したわけではなく、他の社有機、ときには、双発大型のDC-3「鵬号」も操縦した。

そんなさなかの、12年11月6日、2人の乗り組んだ「神風」号は、九州の大刀洗（たちあらい）飛行場を離陸しようとした際、発動機に不調をきたして転覆する事故を起こしてしまう。

幸い、2人とも負傷しただけで済んだが、「神風」号は機首がつぶれ、右主脚は折損、後部胴

15

15.16.17.周囲の白い制服の人たちからみて、いずこかの海軍基地を訪ねた際の「神風」号。ちょっと見た目にはわからないが、この「神風」号は、大刀洗飛行場で大破した初代を、発動機を含め新規パーツを使って再生した二代目であり、下段写真と前ページ上写真を比較すれば、カウリング前端の絞り込み具合が異なっていることがわかる。昭和13年夏頃の撮影と思われる。

15-17. Surrounded by white navy uniforms, IJN personnel inspect Kamikaze-go during a visit to a navy base somewhere. This is the refurbished Kamikaze-go, with a new engine and other parts following its damage.

16

17

18

18.羽田飛行場を離陸してゆく「神風」号。写真の裏には昭和12年とメモしてあり、訪欧飛行に出発する直前に行なわれた、命名、および出発式典のときの撮影かもしれぬ。それにしても、現在の羽田空港からは想像もできない閑静な雰囲気である。

19.垂直安定板に、訪欧飛行成功の記念文字を記入した、二代目「神風」号。文字は2段で、上段が「間時四十九」、下段が"ンドンロ—京東"(いずれも右読み)。乗員室横の、朝日新聞社旗の左下に記入された小さい文字は、同社における保有機体番号で、「號八十百第日朝」。

20.日中戦争が勃発すると、「神風」号も飯沼、塚越両飛行士も、本来の新聞航空の仕事に戻り、大陸に派遣された。写真は、昭和13年初秋頃、上海の公大基地(海軍航空隊の根拠基地)に駐留していた、第15航空隊を取材に訪れた際のスナップで、前列中央右が飯沼操縦士、同左が塚越機関士。かつての訪欧飛行の英雄を囲んで、隊員たちも誇らしい気分である。画面右遠方には九四式艦爆、同左遠方には九六式艦戦の姿も見える。

19

20

18. Kamikaze-go taking off from Tokyo's Haneda airport.

19. The refurbished Kamikaze-go, with markings on the tail fin commemorating its European flight.

20. A shot taken during a visit by Kamikaze-go to the IJN station in Shanghai and the 15th Kokutai stationed there, autumn 1938. Iinuma, the pilot is in the front row, second from right, with Tsukagoshi, the mechanic, to his right.

21

21.22.23.24.かつての偉業を後世に広く伝えていくため、有志たちの手で、平成元年、飯沼飛行士の生家（長野県南安曇郡豊科町）敷地内に建設された、「飯沼飛行士記念館」。入口の脇には、飯沼飛行士のブロンズ像があり、館内には下右写真のように、多くのパネル写真、「神風」号の大型模型などが展示されている。下中、左は、その一部である、「神風」号の脇で花束を手にする飯沼飛行士のポートレートと、同氏の略歴。なお、同館は年中無休、一般は大人400円、子供100円で入館できる。開館時間は、4月～10月が午前9時～午後5時、11月～3月が午前9時～午後4時。

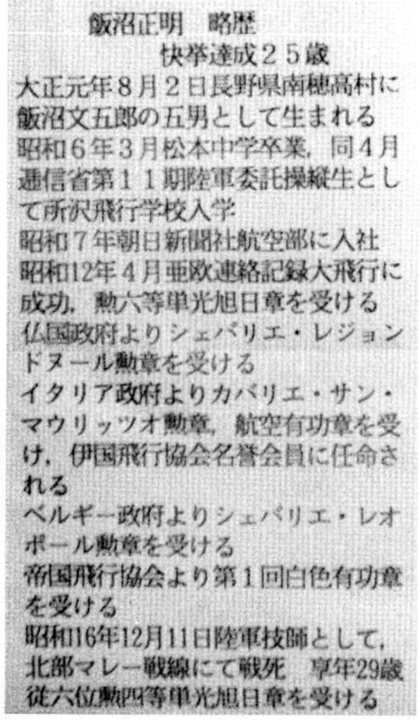
飯沼正明　略歴
快挙達成２５歳
大正元年８月２日長野県南穂高村に飯沼文五郎の五男として生まれる
昭和６年３月松本中学卒業，同４月逓信省第１１期陸軍委託操縦生として所沢飛行学校入学
昭和７年朝日新聞社航空部に入社
昭和12年４月亜欧連絡記録大飛行に成功，勲六等単光旭日章を受ける
仏国政府よりシェバリエ・レジョンドヌール勲章を受ける
イタリア政府よりカバリエ・サン・マウリッツオ勲章，航空有功章を受け，伊国飛行協会名誉会員に任命される
ベルギー政府よりシェバリエ・レオポール勲章を受ける
帝国飛行協会より第１回白色有功章を受ける
昭和16年12月11日陸軍技師として，北部マレー戦線にて戦死　享年29歳
従六位勲四等単光旭日章を受ける

22

23

24

21-24. A small museum opened on the grounds of his childhood home to honor Iinuma's achievements in 1989. It's located in Toyoshina, in Minami-Azumi, part of Nagano Prefecture.

体もちぎれてしまう大破状態で、廃機扱いになってもおかしくはなかった。

しかし、訪欧飛行成功という輝かしい実績を残した機体を抹消するにはしのびないという朝日新聞社の判断で、新しい発動機、機体パーツを使い、修理、再生することにした。実質的には別機に生まれ変わったといえる。この再生された「神風」号は、発動機カウリング先端の絞り込み具合が、オリジナル機と微妙に違っていて、識別は容易だ。

だが、この事故によりツキまで落ちてしまったのか、「2代目「神風」号」は、再生から半年後の昭和14年10月6日、台湾から九州に向かって飛び立った後、悪天候により方位を失ない、台湾南端の海岸近くに墜落、乗員2人（飯沼、塚越ペアではなく、他の航空部員）は死亡してしまう。

大破状態の機体は回収されたが、もはや現役に戻すのは不可能だった。朝日新聞社は、なんとか形だけでも修復して残すことにし、大阪・生駒山山頂の「航空道場」内に新設した『「神風」記念館』に収め（昭和15年11月）、一般展示としたが、太平洋戦争敗戦後に米軍の命令により焼却処分され、ついにこの世から姿を消した。

「神風」号が、事故により登録抹消された後も、飯沼、塚越両飛行士は、新聞航空部員として縦横に活躍していたが、太平洋戦争開戦が迫ったことをうけ、まず、飯沼飛行士が陸軍軍属として仏印方面に向かった。

そして、16年12月8日の開戦から3日目の11日、サイゴンからプノンペンに到着した飯沼飛行士は、乗機から降りて、誘導路を横切ろうと歩き出した直後、背後からタキシングしてきた九八式直協偵のプロペラに砕かれ、即死してしまう。享年29才、かつての英雄の、あまりにもあっけない最期であった。

悲報をうけて現地に飛び、かつてのペアの遺骨を胸に抱いて日本に戻った塚越機関士も、日・独連絡飛行のため、昭和18年7月7日、長距離機A-26（陸軍名称キ77の2号機）に搭乗し

25

26

25.海上を低空飛行するニッポン号。陸軍と密接な関係にあった朝日に対し、毎日は海軍の協力を仰ぐことにしたのだが、実際、北太平洋、大西洋越えが可能な、4,000km以上の航続距離をもつ大型軍用機は、この九六式陸攻以外にはなかったから、選択肢は限られていた。

26.名古屋の三菱工場より、東京の羽田飛行場に空輸されてから6日目の、昭和14年7月13日、同飛行場で行なわれた命名式における、ニッポン号と、その乗員7名（左列）。中央の制服姿は、帝国飛行協会の梨本総裁官。羽田飛行場とはいっても、当時は格納庫前などを除けば、すべてが、このように草深い原っぱだった。

25. Here's Nippon-go, flying low over the sea. Where as Asahi Shimbun was in close cooperation with the IJA, the rival Mainichi Shimbun (newspaper) had the cooperation of the Navy. At the time, the Type 96 Land-based Attack Bomber ("Nell") was the only large military plane that had the 4,000km range necessary for crossing the northern Pacific and Atlantic.

26. Nippon-go's naming ceremony at Haneda, July 13, 1939. Her seven crewman are on the left.

てシンガポールを飛び立ったまま消息を絶ち、ここに「神風」号の勇者は2人とも、戦場の露と消えたのだった。

◎ニッポン号の世界一周飛行

「神風」号の訪欧連絡飛行成功は、ライバルの毎日新聞社にとっては「してやられた」の感以外の何ものでもなかった。昭和13年4月、同社航空部は、「神風」号以上のイベントを考え始め、最終的に世界一周飛行という、とてつもない計画をまとめるに至る。

「神風」号と違って、所要日数や時間の記録を狙うことが目的ではなく、できるだけ多くの国々を訪問し、日本の航空技術、あわせて自社の能力を世界に喧伝するのが狙いだった。

太平洋、大西洋の2大洋を横断することになるので、使用機材は航続距離4,000km以上の双発機が必要となるが、当時、民間、軍用を通じてこれを満たしていたのは、「中攻」の通称名で知られた、海軍の新鋭、九六式陸上攻撃機しかなかった。

しかし、すでに日中戦争が始まっていて、1機でも多く前線に送り出すために、三菱重工に全力生産を行なわせていた海軍には、民間に貸し出すような余裕はなかった。

毎日新聞社側も、必死に海軍航空本部に掛けあったが、了承は得られず、計画断念も止むなしというところまで行きかけた。ところが、当時、海軍省次官職にあった山本五十六中将（のちの連合艦隊司令長官）の英断により、一転して貸与が決定した。

当時、三菱が生産していたのは、のちに九六式陸攻二一型と称する型で、その中から製造番号328号機を抽出し、爆撃装備、防御銃座などの兵装類を撤去したうえで、主翼内に燃料タンクを増設、胴体内部壁にフェルトを張り、椅子7席を設置、胴体下面の段差をなくして、機首先端に着陸灯を追加するなどの改造を施し、昭和14（1939）年7月7日に引き渡された。

前例のない長距離、しかも、きびしいコースを飛行しなければならないため、相応の技倆をもった乗員の選抜も簡単にはいかなかった。

27

27.28.日時は不詳だが、ニッポン号の機体製作メーカー、三菱重工㈱名古屋航空機製作所が、その飛行成功を祈願するため、市内の熱田神宮に参詣した際のスナップ。銃剣を持った制服姿の少年兵らしき1団が、どのような存在かは不明だが、日中戦争さなかのこととて、戦時色が強く感じられる。

27-28. Members of the Mitsubishi Heavy Industries manufacturing team that built Nippon-go are seen heading to the Atsuta Temple in Nagoya to pray for the aircraft's successful flight in these undated photos.

28

機長格の社航空部副部長羽太文夫氏は、折りからの日中戦争で、陸軍に召集されて不在だった。そこで、同じ民間の満州航空から中尾純利一等航空士を引き抜き、通信士の佐藤信貞氏も同様に招致、他の5名は社航空部の人員でまかない、ようやく構成が固まった。

機体引き渡しの4日前、7月3日付け毎日新聞紙上で、この世界一周飛行計画は大々的に公表され、5日には機体名称公募も始まった。先の「神風」号のときと同様、国民の関心は高く、約133万票もの多数が寄せられ、7月13日、その中から最多の「ニッポン」と決まった。国名がそのまま機体名称になったわけだ。

7月28日、8月1日の両日、訓練を兼ねた試験飛行を実施したのち、ニッポン号は8月26日早朝、出発地の北海道・千歳基地（海軍の管轄）に向かうべく、東京・羽田飛行場の三菱所有格納庫からエプロンに引き出されようとしたが、作業員の不注意で、左プロペラをロープに引っ掛けてしまい、ブレードを曲げてしまう椿事を起こした。

世紀の大飛行の門出を見ようと、この日、羽田飛行場周辺には10万人を超える大観衆が詰めかけており、今さら延期するわけにもいかず、毎日関係者は慌てたが、幸い、近くの大日本航空所有格納庫に、同型の「大和号」が収容されていたため、同機のプロペラを借用してこれに換装し、事なきを得て、大歓声に送られ出発できた。

出発直前のプロペラ換装という重大事に、途中の不具合が懸念されたが、ニッポン号は何事もなく千歳基地に到着、最終点検をうけたのち、最初の中継地アラスカを目指して離陸した。

飛行コースは東廻りで、まず最初の難関である、距離4,300㎞余の北太平洋越えでアラスカに渡り、北、南米大陸を縦断し、ブラジル東岸から大西洋越えでアフリカ大陸西岸に渡る。そのあとはヨーロッパに入り、中東、インド、東南アジアを経て日本に戻るという、全行程1万数千㎞におよぶ大飛行だった。

最初の北太平洋越えは、予想したとおりの厳しい飛行で、行く手に低気圧が立ちはだかり、翼前縁とプロペラに氷結が起こるのを、乗員が必死で手動ポンプを動かして防いだり、雲中飛行を避けようと、高度を上げた際に、酸素不足によって機長、操縦士が失神するなど、冷汗の連続だった。

それでも、千歳を離陸してから15時間48分後には、ニッポン号は無事アラスカのノーム飛行場に降りることができた。

■ニッポン号四面図

Four-view diagrams of Nippon-go

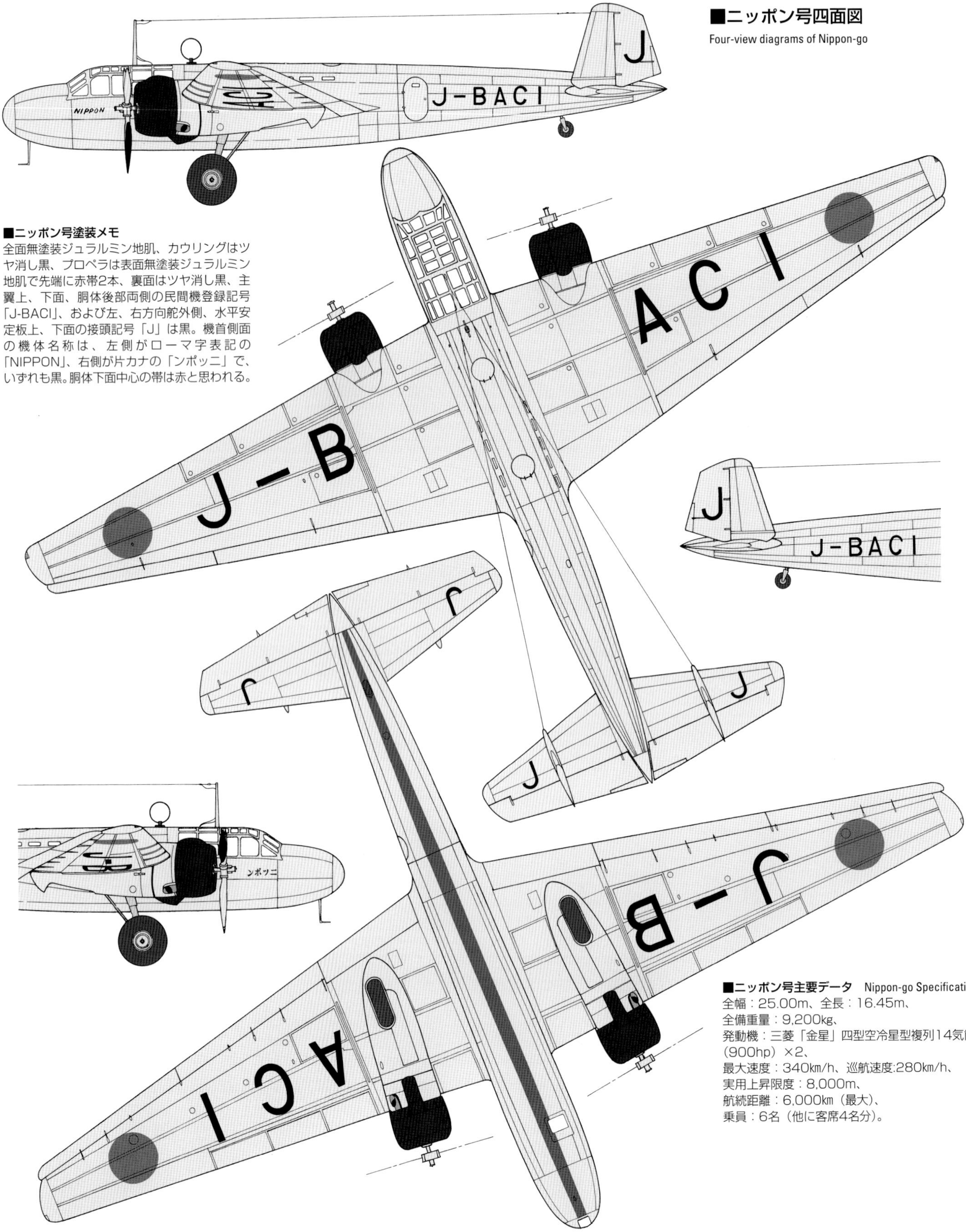

■ニッポン号塗装メモ

全面無塗装ジュラルミン地肌、カウリングはツヤ消し黒、プロペラは表面無塗装ジュラルミン地肌で先端に赤帯2本、裏面はツヤ消し黒、主翼上、下面、胴体後部両側の民間機登録記号「J-BACI」、および左、右方向舵外側、水平安定板上、下面の接頭記号「J」は黒。機首側面の機体名称は、左側がローマ字表記の「NIPPON」、右側が片カナの「ンポッニ」で、いずれも黒。胴体下面中心の帯は赤と思われる。

■ニッポン号主要データ Nippon-go Specifications

全幅：25.00m、全長：16.45m、
全備重量：9,200kg、
発動機：三菱「金星」四型空冷星型複列14気筒(900hp)×2、
最大速度：340km/h、巡航速度:280km/h、
実用上昇限度：8,000m、
航続距離：6,000km（最大）、
乗員：6名（他に客席4名分）。

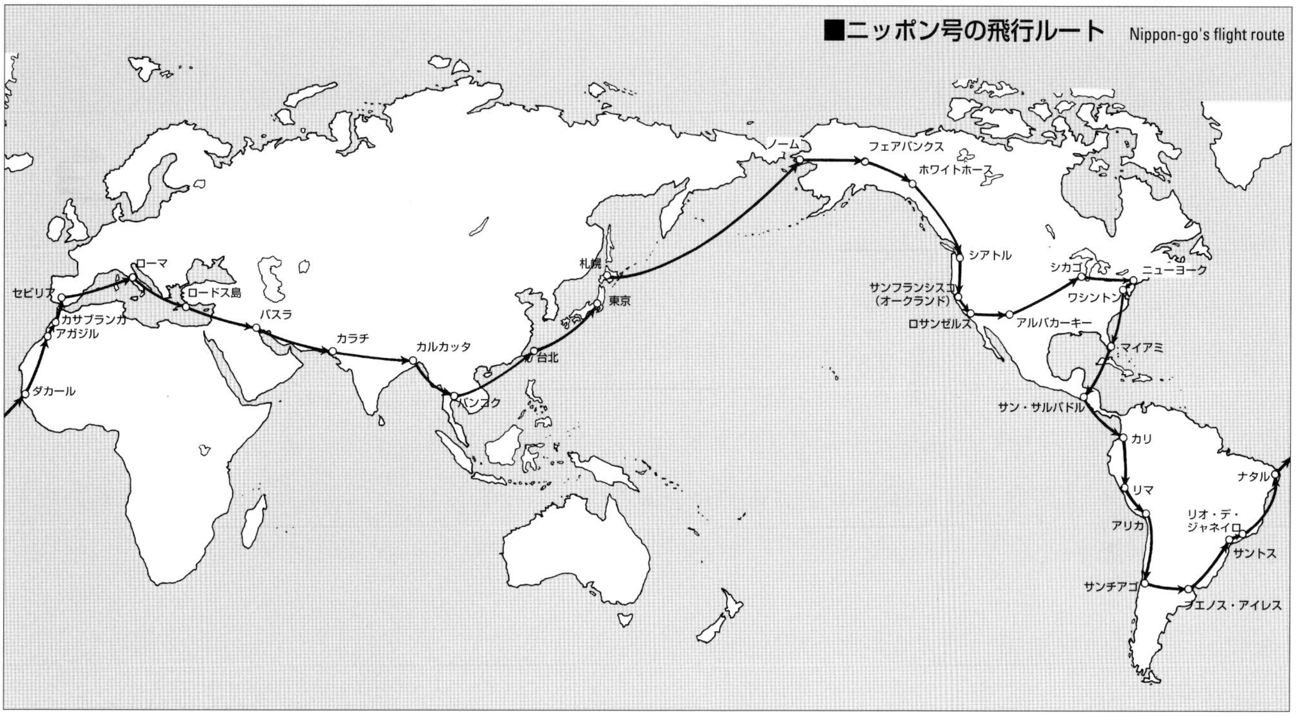

■ニッポン号の飛行ルート Nippon-go's flight route

このあとの北、南米大陸縦断は、ほとんど陸地上空の飛行がつづいたので、さしたる困難もなく、フェアバンクス、ホワイトホース、シアトル、オークランド、ロサンゼルスに立ち寄り、そこからは東に針路を向け、アルバカーキー、シカゴを経由して東海岸に出た。そして、ロサンゼルスに滞在中にドイツ軍のポーランド侵攻（第二次世界大戦の始まり）を知らされる。

ニューヨーク、ワシントンに立ち寄ったあとは南に針路をとり、フロリダ州のマイアミからは、一気に中南米のサン・サルバドルに飛んだ。

南米大陸の第一歩はコロンビアのカリで、ここから西岸沿いにペルーのリマ、チリのアリカ、サンチアゴに立ち寄った。

サンチアゴを離陸したニッポン号は、アンデス山脈を横断して、アルゼンチンのブエノスアイレスに到着、ここからは北に針路をとってブラジルのサンパウロに向かった。同地には日系人が多く、はるばる母国から飛んできた飛行機をひと目みようと、多勢の人が空港に詰めかけた。

しかし、残念なことに、サンパウロ上空は雨と霧で視界がほとんどきかず、ニッポン号は止むなく大西洋沿岸の町サントスに不時着、多勢の人々は、頭上を過ぎ去る爆音を聞いただけだった。

翌日、サントスを離陸したニッポン号は、300㎞余しか離れていない大都市リオデジャネイロを経て、東岸沿いに北上、大西洋に突き出たようなブランコ岬の近くのナタルに到着した。

このナタルで南米大陸とは別れを告げ、大西洋を一気に飛び越え、現在はカー・レースで有名な、アフリカ西岸のダカールに着く。

すでに9月に入っているが、アフリカは暑い。その暑さから逃れるように、ニッポン号は西岸沿いに北上し、現在のモロッコ領アガジル、カサブランカを中継し、ジブラルタル海峡を超えてスペインのセビリアに着陸する。同地はヨーロッパ大陸の西端に近い。

当初の計画では、ここからフランス、イギリス、ドイツに向かうはずだったのだが、少し前に第二次世界大戦が勃発したことによってコース変更を余儀なくされ、ニッポン号は地中海を東へ向かい、イタリアのローマに着陸した。

ローマを出発した後は、かつて「神風」号が辿ったコースと同じ要領で、ロードス島、イラクのバスラ、インドのカラチ、カルカッタ、タイのバンコク、台湾の台北を中継し、10月20日午後1時47分、周辺に数万人の大観衆が詰めかけた羽田飛行場に帰着した。

全航程52,860㎞、所要日数56日、飛行時間194時間というのは、当時、世界の列強国でさえも、簡単には成し得ない立派な記録で、「神風」号とはまた違った意味で、日本の航空技術を大いに喧伝することができた。とくに、最終区間の台北と東京間では、距離2,100㎞を6時間57分で翔破し、平均速度300㎞/hという、すばらしい記録であった。

万一の場合に備え、ドイツのハンブルクには、予備の「金星」発動機1基を船便で送っておいたのだが、これも杞憂に終わった。寒冷地のアラスカから、熱砂のアフリカへと気候のまるで違う環境で酷使しても、「金星」発動機は1回も故障せず、途中2回ほど点火栓（プラグ）を交換しただけだったという。のちに、傑作と称される同発動機の、面目躍如といったところだろう。

ニッポン号の世界一周飛行成功は、「神風」号のときのような派手さはないが、日本の航空技術レベルを世界に示唆するという面からすれば、むしろ、それ以上の効果があったといえる。原型となった九六式陸上攻撃機の優秀性、それぞれの受け持ちで能力を最大限に発揮した7名の乗員の技倆の高さが、この壮挙を成し遂げさせたのだ。

◎ニッポン号のその後

前記したように、ニッポン号は、ただでさえ貴重な九六式陸上攻撃機を、英断をもって毎日新聞社に貸与したものであり、用が済めば海軍に返納するのは当然だった。

日本に戻ってから1カ月後の、昭和14年11月、ニッポン号は正式に海軍に返納され、中攻隊の美幌航空隊に配属された。ただし、機体はそのままだったので攻撃機ではなく、人員輸送用に使われた。

太平洋戦争中期までの消息は不詳だが、昭和19年1月になると、何故か再び毎日新聞社に貸与され、機名を「暁星（ぎょうせい）」と改め、敗戦まで使われたらしいが、詳しいことはよくわからない。いずれにせよ、敗戦により「神風」号と同じ処分をうけ、消え去ったことは確かである。

29

29.天幕を張った格納庫内で、前例のない壮途への出発に備えるニッポン号。機首横に記入された機名は、右側が片カナ、左側がローマ字表記。このアングルから見ると、外観上は、通常の陸攻型と比較しほとんど変化はないが、機首先端に夜間着陸用照明灯を追加したことが、民間機らしい。

29. Nippon-go awaits its unprecedented flight in a tarp hangar.

30.世界一周飛行成功後、洋上低空飛行するニッポン号の大判写真に、乗員7名が自筆サインを書き込んだメモリアル・グラフ。上方には"征空六万粁"と記されている。機体アングルが異なる写真に、やはり毛筆でサインを記入したものもあり、これらは、当時の新聞、グラフ誌などに何度も掲載された。

30. Following its successful around-the-world flight, Nippon-go was caught in this beauty shot that was signed by all seven of the crew on the historic mission.

30

J-BACI
J

31

32

33

31.昭和14年9月3日、北米大陸縦／横断の途上、サンフランシスコ（オークランド）に立ち寄ったニッポン号を、格納庫内に収納するのを手伝うアメリカ側関係者。はるばる太平洋を越えてきた、予想以上に洗練された日本の双発機を目の前にして、彼らも少なからず驚いたに違いない。

32.上写真に続く一葉で、ニッポン号の前に立つ乗員。左端は、サンフランシスコ駐在の三菱商事支店長。北海道の千歳を飛び立ってから1週間、約9,000㎞を翔破したが、ニッポン号は、故障らしきものは何ひとつ起こさず、「金星」発動機も快調にまわりつづけた。このあと、ニッポン号は、4日後の9月7日にロサンゼルスに到着、ここから針路を東に向け、大陸横断コースに入った。

33.世界一周飛行成功後、毎日新聞社が記念に市販した絵はがきの一枚で、ニッポン号を背にした7名の乗員。出発前の命名式の折に撮影した写真を人工着色し、文字を刷り込んだもの。胸に日章旗を縫い込んだスーツは、各中継地に降りる際に着用するユニフォームだった。

31. American ground crew help push Nippon-go into a hangar in San Francisco during its stopover there while flying over the North American continent, September 3, 1939.

32. The crew of Nippon-go pose with the plane. At the far left is the branch manager of Mitsubishi Corporation's San Francisco office. In the first week after leaving Hokkaido's Chitose, the plane flew some 9,000km without any mechanical problems. Four days later, the plane arrived in Los Angeles (September 7), and from there turned its course east to cross the American continent.

33. Following the successful completion of the plane's around-the-world flight, the Mainichi newspaper issued several commemorative postcards, of which this is one, featuring the crew and plane.

chapter 5 Type 96 Carrier Fighter: The Zero's Cradle

第5章 名機零戦の母胎、九六式艦戦

中国大陸上空を快翔する、第14航空隊所属の九六式四号艦戦。本機の存在なしに、のちの零戦の成功はなかった。文字どおり設計理念上の母胎だった。

A Type 96 Model 4 Carrier Fighter of the 14th Kokutai seen in the skies of China.

◎外国依存からの脱却

大正元（1912）年11月6日、横須賀の追浜にて、フランスから購入したモーリス・ファルマン複葉水上機が初飛行し、海軍航空の第一歩を印して以来、昭和ひと桁時代に入っても、装備機のすべては、欧、米航空先進国からの輸入機、ライセンス生産機で占められていた。

先のワシントン、ロンドン両軍縮条約により、水上主力艦の保有量を、アメリカ、イギリスの6割に制限された日本海軍は、その不足分を補う兵力として、航空機に活路を求めることにした。

しかし、その航空機が上記したような現実では、将来の国防の根幹が定まらないと憂いを唱え、外国の技術に依存せず、設計、生産のすべてを自らの手で行えるようにするべく、立ち上がった人たちがいた。

海軍航空本部長安東昌喬中将、同技術部長山本五十六少将、同総務部長前原謙治少将の3人がその中心で、昭和6（1931）年、『航空技術自立計画』と題した案をまとめ、翌7（1932）年度から実施することに決定した。とりわけ、この計画に熱心だったのが、のちに連合艦隊司令長官となる山本少将で、技術部長に就任（6年6月）するや、ただちに同部主席部員の和田操中佐に、具体的な試作計画の立案を命じている。

和田中佐は、それまでの場当たり的な試作発注をやめ、向こう3カ年の間に、機種ごとに毎年度競争試作を行ない、順次、自立化を進めるようにした。（三カ年試作計画と呼ばれた）。

昭和7年2月22日、折りからの上海事変に出動していた、航空母艦『加賀』搭載の三式艦戦、十三式艦攻各3機は、中国大陸の蘇州上空において、アメリカ人民間パイロット、ロバート・ショートの操縦するボーイング218戦闘機の迎撃をうけ、これを撃墜して、日本海軍航空隊として最初の戦果を記録したが、同機の高性能は上層部に衝撃を与え、自立計画の早期達成が強く意識された。

この蘇州上空の空中戦から1カ月半後の4月上旬、新たに創設した海軍航空廠（4月1日に発足）に、海軍機製造主要4社——三菱、中島、川西、愛知——の代表が招致され、航空本部総務部長前原少将から、初年度の具体的試作計画、いわゆる『七試計画』（七試は7年度試作の意味）が発表され、艦上戦闘機、艦上攻撃機、双発艦上攻撃機、三座水上偵察機、大型陸上攻撃機の5機種について、各メーカーに試作発注がなされた。

このうち、**七試艦上戦闘機**は三菱、中島の2社による競争試作となり、三菱は、この会合にも出席していた、入社5年目の堀越二郎技師（当時28才）を設計主務者に抜擢することに決定した。

もちろん、堀越技師にとっては初めての大役であり、会社としてもかなりの英断ではあったが、上司の服部譲次設計課長には、それなりの計算があっての措置だった。

というのも、この当時の三菱は、海軍主力機種の競・試に相次いで敗れ、生産ラインが縮小して、経営的にも苦しくなっていた。社員の士気は沈滞気味であり、ここはひとつ、経験不足

ヘシ折レ
No292 25瓩
No206 25瓩
No131 25瓩
No288 25瓩
No65 25瓩
No59 25瓩

1

2

1.2.3.三菱工場内にて強度試験をうける、七試艦戦の強・試機。堀越技師の、設計主務者としての処女作である本機に関する資料は、極くわずかしか残っておらず、胴体、主翼付根部分に限られるとはいえ、これら一連の強・試写真は貴重な存在だ。前ページ上写真の左手前に積んである鉛の錘りを、胴体、主、尾翼の上にそれぞれの荷重状態に相当するぶん載せていき、機体が耐えられる限界値を見いだすのである。前ページ上写真は胴体、同下写真は水平尾翼の強度試験中。右は、試験によって破壊を生じた胴体部分のクローズ・アップ。のちの九六式艦戦と異なり、各リベットが「丸頭」であること、主翼後縁の骨組みがわかることに注目。

4.七試艦戦の全体形を写した、唯一の現存写真（1号機?）。勇気をもって、未知の単葉形態に挑戦したのはよかったが、設計、工作技術ともに未熟で、残念ながら失敗に帰した。しかし、本機による経験が、次作九試単戦の画期的成功につながったのであり、その意義は決して小さくなかった。

1-3. The 7-shi undergoing strength tests at Mitsubishi's factory. Unlike the Type 96 which followed, it employed round-headed rivets. The internal structure of the wing's trailing edge is well-shown.

4. The only surviving photo which shows the entire form of the 7-shi Carrier Fighter prototype. It was one of the first attempts to build a monoplane fighter, but inexperience in design and assembly caused the project to end in failure.

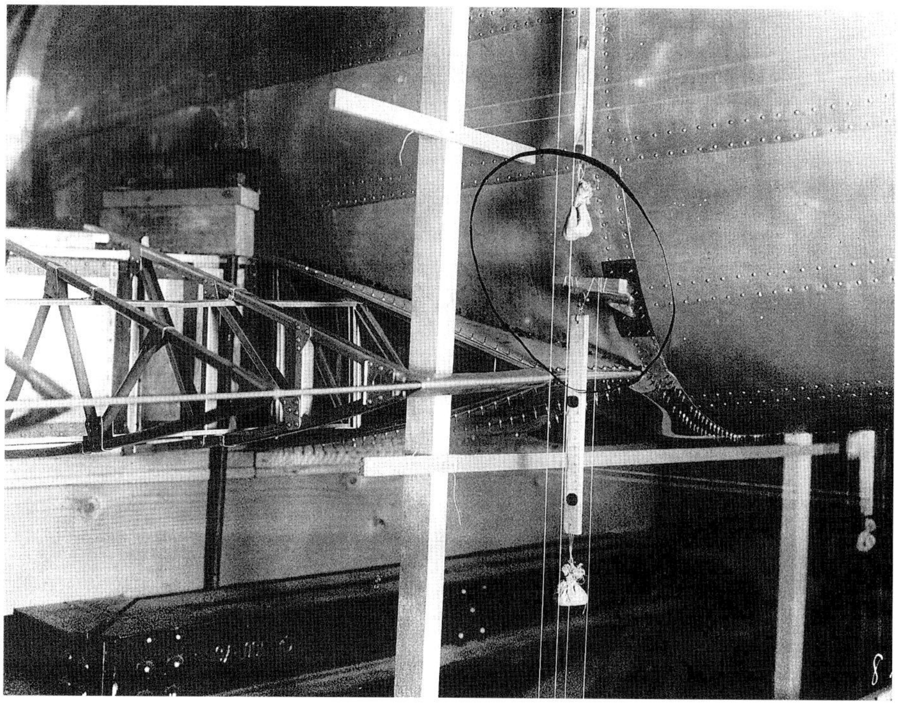

3

4

■七試艦上戦闘機［1MF10］

The 7-shi Carrier-borne Fighter Prototype (1MF10)

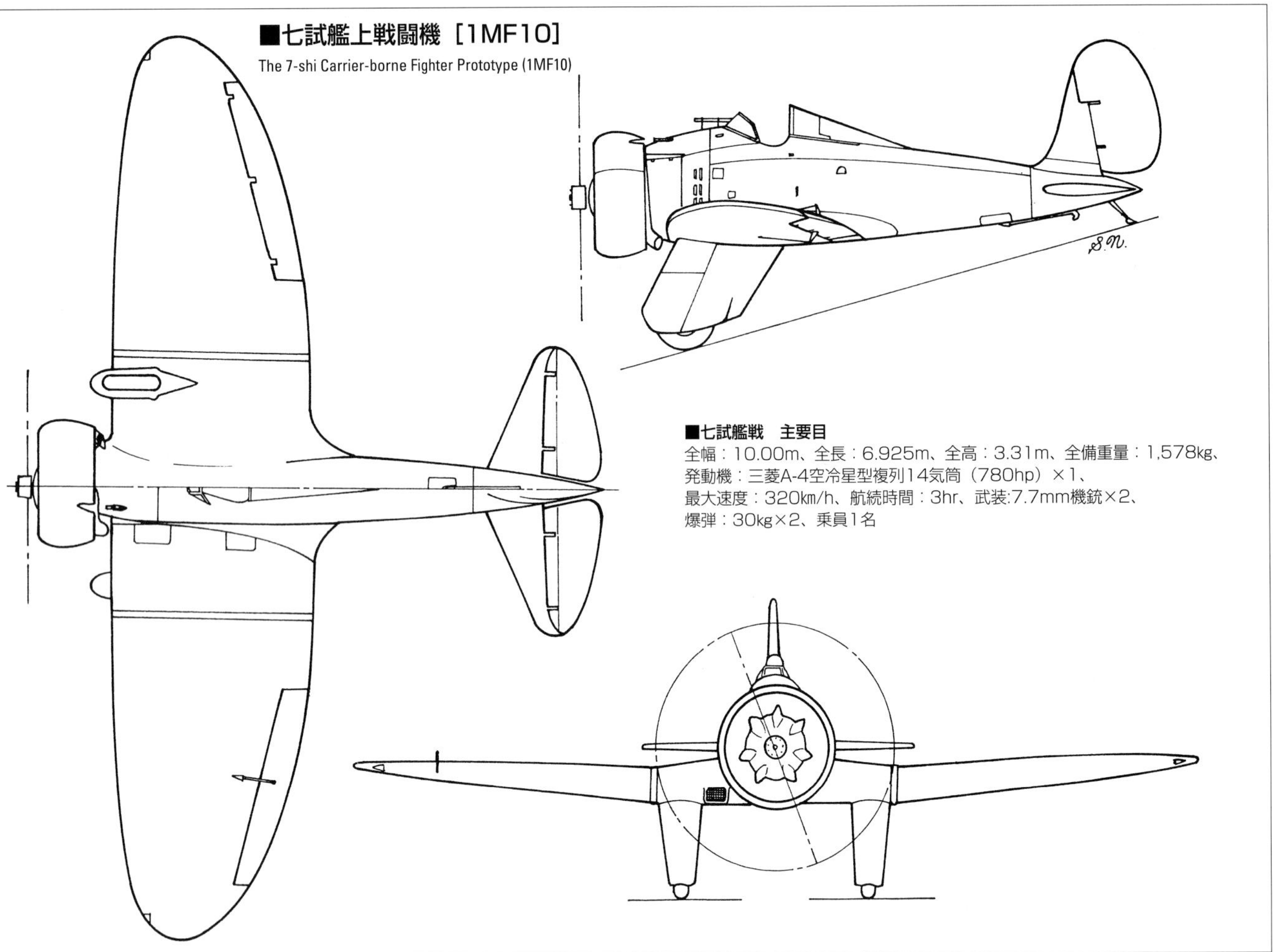

■七試艦戦　主要目

全幅：10.00m、全長：6.925m、全高：3.31m、全備重量：1,578kg、発動機：三菱A-4空冷星型複列14気筒（780hp）×1、最大速度：320km/h、航続時間：3hr、武装:7.7mm機銃×2、爆弾：30kg×2、乗員1名

を承知で、若手の新感覚に賭けてみようということにしたのだ。むろん、堀越技師の優れた能力を見越してのことではあったが……。

◎果敢なる挑戦

思いもよらぬ大役をまかされた堀越技師は、プレッシャーに負けそうになる気持ちを奮い立たせながら、ともかく、懸命に設計作業に没頭した。

この頃、欧米航空先進国における新型戦闘機設計も、まだ複葉羽布張り構造の旧態依然としたスタイルが主流であったが、堀越技師は、七試艦戦には、近い将来に欧米でも主流になるであろうと予想されていた、全金属製単葉形態を採りたいと考えた。

これは、一種の冒険といえたが、たとえ無難な複葉形態で成功したとしても、それは、日ならずして斬新な単葉形態機にとって代わられてしまい、先は長くないと読めたからであった。

海軍の、七試艦戦に対する要求項目は、自立計画の矯矢であるだけにかなり高いレベルで、最大速度は高度3,000mにて180～200kt（335～370km/h）、上昇力は、同高度まで4分以内とい

5

5.昭和10年春頃、三菱工場内の草地に座り込み、記念写真に収まった、九試単戦設計チーム。前列左から3人目が主務者の堀越技師、右から2人目は同氏の右腕といわれた曽根技師、右端は、のちに陸軍機設計に転じ、百式司偵などを手掛けることになる久保技師。後列左端は、のちに十二試艦戦の兵装艤装を担当する畠中技師。

5. The design team for the 9-shi Single-seat Fighter take a break for a photo on the grounds of Mitsubishi's plant in the spring of 1935. Jiro Horikoshi is third from the left in the front row. Sone, his right-hand man, is second from the right in the front rou. At the far right is Kubo, who will eventually move to the Army and design the Type 100 Recon. Plane (Dinah), among others. Hatanaka, who designed the armament and other equipment on the 12-shi Carrier Fighter prototype is at the far left in the rear row.

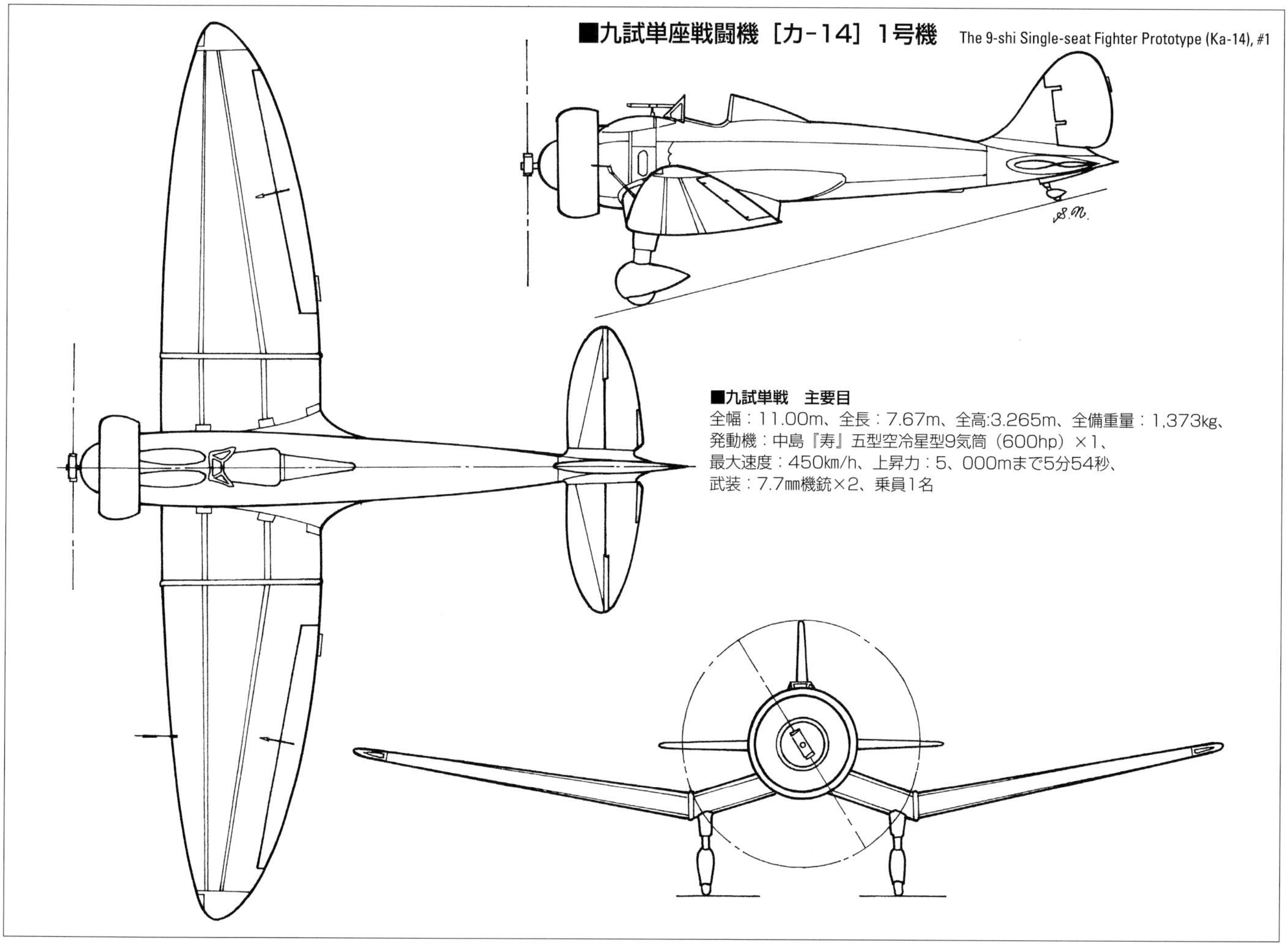

うものであった。この頃、現用の九〇式艦戦の最大速度は150kt（278km/h）、上昇力は高度3,000mまで5分45秒であったことからも、それが察せられよう。

この性能をクリアするためにも、七試艦戦は是が非でも全金属製単葉形態としたかったのだが、当時、日本には、この新しい設計、構造の参考になるような機体も研究資料もなく、ほとんど手探り状態で作業するしかなかった。

発動機は、当初、自社の発動機部門が試作中だった、イスパノスイザ系七試液冷600hpを予定したが、同発動機の完成は遅れる見通しとなったため、これまた試作中の、空冷星型複列14気筒の『A4』（710hp）に変更した。

胴体は、直径の大きなA4発動機よりもずっと細く絞った楕円形断面の、全金属製セミ・モノコック（半張殻）構造とし、これに、全幅10mの楕円形単葉肩持式主翼を低翼位置に結合した。

堀越技師の構想では、この主翼も、むろん全金属製にするつもりだったのだが、三菱の組立工場では、この当時、まだ薄い主翼外鈑に表側からだけで鋲（リベット）止めできる工作技術がなく、止むを得ず、外皮を旧来の複葉機と同じ、麻布を使った羽布張りにせざるを得なかった。

支柱や張線を使わない片持式の主翼は、もちろん空気力学面からすれば、複葉形態に比べて格段に有利なのだが、その分、飛行中にうける負荷を、胴体との結合金具、主桁でほとんど負わねばならず、強度的に充分なものとするには、相応の重量増加のリスクを覚悟せねばならない。

のちに、九六式艦戦から標準となる、主桁の、鋳型を使った製法、いわゆる「押し出し型材」の技術はまだなく、堀越技師は「Ｉ」型の主桁の上、下フランジを、薄いジュラルミン鈑を何枚か重ね合わせ、ボルト結合して造る方法を採ったのだが、これがため、桁の座高は高くなってしまい、翼厚比は20%（のちの零戦は13%）というぶ厚いものになり、羽布張り外皮とあわせ、単葉形態のメリットを少なからず損ねてしまう、不本意な主翼にならざるを得なかった。

主脚も、当然固定脚だったが、空気抵抗を減らすために取り付けた大きな整形覆は、見るからに不格好な印象を与え、離着艦時の前下方視界を確保するために、操縦席を胴体上方の高い位置に設けたことと相俟って、その外観は、堀越技師自身が、のちに「鈍重なアヒル」と自嘲したほどの、冴えないものになった。

こうして、試行錯誤を繰り返しながら、ともかく指定期日に間に合わせて、昭和8（1932）年2月末に完成にこぎつけた七試艦戦1号機だったが、同年7月、各務原飛行場において社内飛行試験中、急降下に入って間もなく垂直尾翼が折れて墜落してしまう。原因は、安定板骨組みの強度不足だった。操縦していた梶間義孝操縦士は幸い落下傘降下して無事だった。

三菱は、急ぎ2号機の組み立てをすすめ、秋には完成して海軍に引き渡されたが、テストでは、速度、上昇力とも要求値に達せず、発動機出力からみても、機体設計に不満があるのは明らかであった。

そうこうするうちに、2号機も特殊飛行テスト中に水平錐り揉みに陥って墜落、失われてしまい、三菱七試艦戦は敢えなく不採用、堀越技師の「初大役」も失敗に帰した。

一方、ライバルの中島では、陸軍の九一式戦を小改良したような、無難なパラソル形態単葉

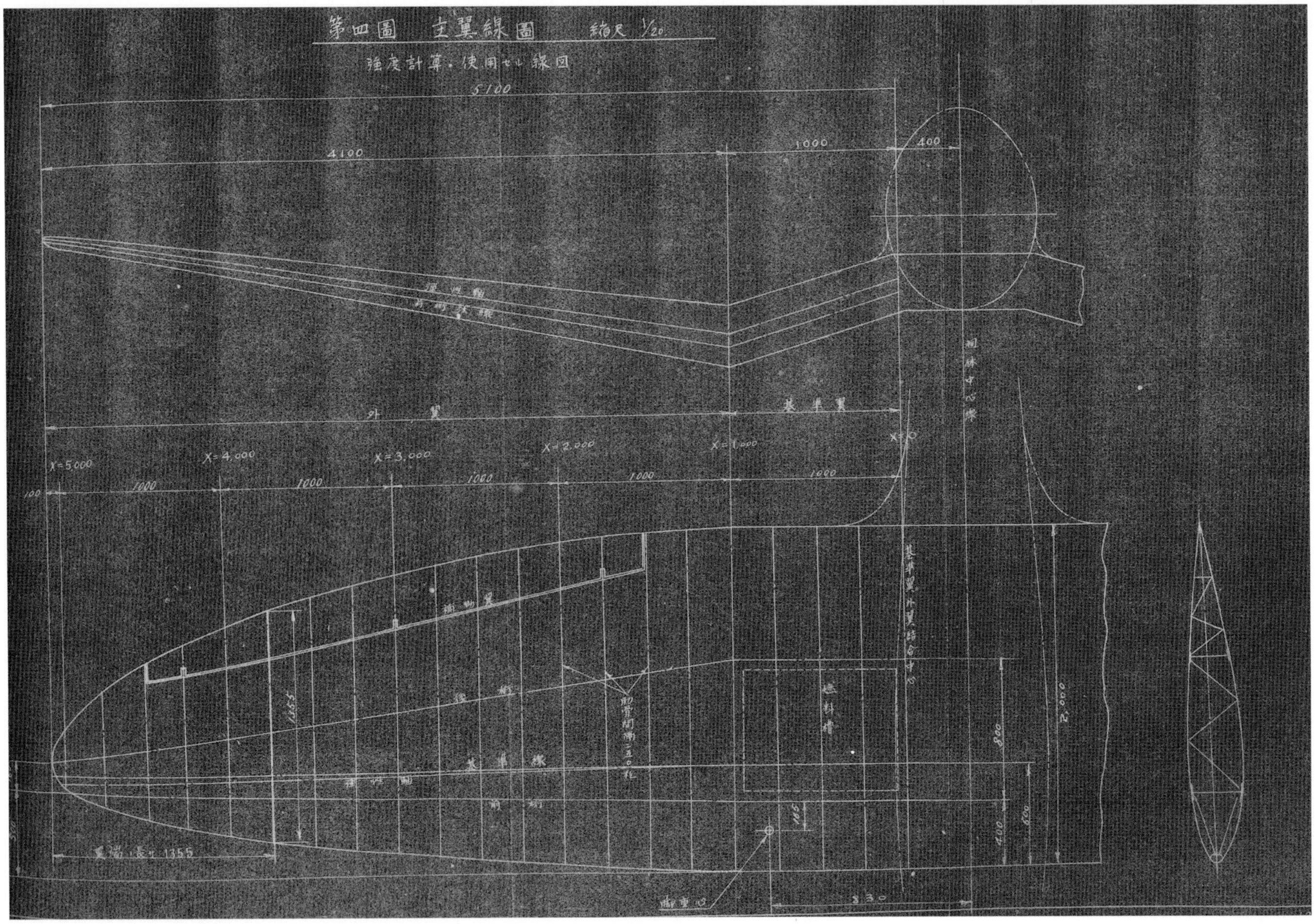

6

6.九試単戦試作１号機の主翼線図。逆ガル型主翼の図版は、これまでに発表されたことがなく、貴重な資料といえる。骨組み寸度などは、２号機以降の主翼と変わらないようだ。6. 9-shi Single-seat Fighter Prototype Wing Diagram

機で臨み、三菱より少し早く試作機を完成させたのだが、やはり性能は要求値に届かず、不採用を通告された。

もっとも、三菱の七試艦戦は、失敗したとはいえ、果敢に新形態に挑戦した堀越技師にとっては貴重な経験となり、それは次作九試単戦の、画期的成功へとつながることになる。

◎再挑戦

七試艦戦が失敗に終わったあと、海軍は1年の間をおいて昭和9（1934）年2月、再び三菱、中島両社に対し、**九試単座戦闘機**の名称で試作発注した。名称を、艦上戦闘機としなかったのは、七試の失敗の教訓から、いちどにすべてを満たそうと欲張らず、飛行性能追求と相反する要素の、艦上機としての制約を取り払い、まず陸上戦闘機として優れた機体を実現したほうが得策、という判断によったものである。

したがって、要求性能項目も速度（190kt以上）、上昇力（高度5,000mまで6分30秒以内）の2つしかなく、航続力については、燃料200ℓ以上と記されているのみで、いたって簡潔であった。

発注をうけた三菱は、再び設計主務者に堀越技師を指名し、七試艦戦の雪辱を果たさせようと図った。

七試艦戦の失敗が、発動機選定の不適切、機体設計／工作技術の未熟による表面空気抵抗の増大、重量管理の不徹底にあると冷静に自己反省した堀越技師は、これらを踏まえたうえで、九試単戦の設計に着手した。

ただ、失敗したとはいえ、七試艦戦で試みた、全金属製低翼単葉形態への挑戦は、間違っていなかったと確信していた堀越技師は、九試単戦の基本コンセプトもこれに則ってすすめた。むろん、空気力学的には、より一層の洗練が必要であることは言わずもがなであるが……。

最初の関門である発動機選定については、会社としての意向は、七試と同様、自社製『A4』搭載が望ましいのは百も承知していたが、A4は、いまだに故障が頻発して実用化が危うく、加えてカタログ・データどおりの出力も出ないという状況にあることから、英断をもって、競・試相手の中島製『寿』五型空冷星型9気筒（600hp）に決めた。

胴体は、この寿発動機の直径よりも、かなり細い楕円形断面の全金属製セミ・モノコック構造にし、操縦席の、上方への設置はひかえめに、長さも七試より増した。

主翼は、七試と同様、当時流行りの楕円形にしたが、全幅を1m大きくした割に、面積は少し減らしたので、アスペクト（縦横）比の大きい、すなわち細長いスマートな形になった。

七試では間に合わなかった、主翼主桁の、押し出し型材による製法も取り入れたので、断面も薄く、見違えるように洗練された。もちろん、外皮も今度こそはジュラルミン鈑にしたことは言うまでもない。

胴体も含め、外鈑を骨組みに止める鋲（リベット）は、それまで丸い頭が表面に突出するのが当たりまえだったのだが、堀越技師は、これさえも空気抵抗上のマイナス要因になるとして、自ら平らな頭にする、いわゆる“沈頭鋲”

7

8

7.8.9.完成後、岐阜県の各務原飛行場で社内飛行試験をうけていた頃の、九試単戦試作1号機。中段写真の右奥の双発大型機は、九三式陸攻。逆ガル型主翼もそうだが、機首まわりのアレンジも、制式採用後の九六式艦戦に比較すると、かなり異なったイメージをうける。優美なラインの楕円形主翼は、この当事の各国航空機設計者が好んで採用しており、直線翼に比べて空力的なメリットがあると考えられていた。実際には、そんなこともなかったのだが……。

7-9. The 9-shi Prototype undergoing flight testing at airfields in Gifu Prefecture.

9

10

10.減速歯車などに不具合があったことから、発動機を『寿』五型から旧『寿』三型に換装し、プロペラも3翅に改めて、各務原で社内試験をうけていた頃の九試単戦1号機。多勢の三菱技術者が集まって発動機のまわりを点検中らしく、効果が芳しくない様子が伝わってくる。実際、これが、九六式四号艦戦が出現するまで、延々とつづく本機の苦しい“発動機行脚”の始まりだった。

11.『寿』三型も、三菱側を満足させるには至らず、無理を承知で、直径の大きい『光』一型に換装した九試単戦試作3号機。直径が1,375㎜もある『光』一型を包み込むカウリングは、胴体幅（次ページ上の正面図中の波線部）より、左右各240㎜以上も「ハミ出し」てしまい、出力の大きさ（730hp）はともかく、著しい段差を生じ、空力的なマイナスが大きくて不適であることがわかる。結局、本発動機も“ボツ”になった。

10. Another shot of the 9-shi, but this is after changing the engine from the newer "Kotobuki Model 5" to the older "Kotobuki Model 3" due to reduction gear problems in the former. The propeller was also changed to a three-blade model.

11. The "Kotobuki Model 3" was also unable to deliver hoped-for performance, and Mitsubishi tried pushing the airframe's limits with the installation of the larger "Hikari Model 1" engine, seen here installed on the 3rd prototype.

11

を考案し、九試単戦にさっそく導入した。これなどは、本来は工作課が考えるべき事項だったが、すべての面に自分の考えを徹底させたいという、堀越技師の本機にかける信念の強さの発露だった。

九試単戦には、特に視界に関する要求はなかったのだが、やはり、最終目標は艦上戦闘機として成功することにあったわけで、堀越技師は、離着艦時の前下方視界の確保を重要視し、主翼は、正面からみて「W」字状に屈折する、いわゆる「逆ガル」翼にした。こうすると、胴体との干渉抵抗が減り、屈折部に主脚を取り付ければ、そのぶん短く、かつ軽量にできるというメリットもあった。

その主脚だが、この頃、欧、米で試作中の単発戦闘機は、手動、もしくは油圧によって引き込み可能な新形態が普及しつつあり、堀越技師もそれを認識してはいたが、引込機構そのものがまだ手探り状態で、かなり重量のかさむものであったことは確かであった。

引込式を採ることで、速度性能面にプラスとなる割合と、そのぶん重量増加を招くマイナス面とをはかりにかけた結果、堀越技師は、後者のマイナス面が大きいと判断し、九試単戦も敢えて固定式主脚でいくことに決めた。

むろん、七試艦戦の反省から、支柱を覆うズボン・スパッツは止め、シンプルな片持式緩衝脚柱1本と、直径の小さい主車輪を、できるだけタイトに包み込むことにして、空気抵抗を最小限に抑えるようにした。

こうして、いくつかの新しい試みを導入した九試単戦の試作1号機は、発注から1年も経たない昭和10（1935）年1月に完成し、2月4日、各務原飛行場で初飛行に成功した。

操縦士は、七試艦戦のときと同じく三菱の梶間義孝氏だった。着陸後、梶間操縦士は操縦席から降りてくるなり、息をつめて見守っていた堀越技師に開口一番、「すばらしく、いい飛行機だ」と告げた。この一言で、堀越技師は本機の成功を確信したという。

競・試相手の中島は、三菱よりひと足く、アメリカ陸軍のボーイングP-26戦闘機に範をとった、単葉だが片持式ではない、張線支持式主翼の機体を完成させ、最大速度215kt（400㎞/h）を出していたが、堀越技師は、それさえも凌げるのではないかと期待した。

数日後に行なわれた最初の速度テストは、その堀越技師の期待に反かぬ結果で、最大速度は、なんと240kt（444㎞/h）を越えるという、信じられないようなものだった。これは、堀越技師自身の予測すら、はるかに越えていた。

知らせをうけた海軍は、この数値は、きっと速度計の狂いによるものだろうと信用せず、ただちに航空廠飛行実験部からテスト・パイロットを派遣し、自らそれを確認することにした。

2月18日、担当を命じられた小林淑人少佐が各務原に赴き、航空本部、航空廠の要人らの立会いのもとで九試単戦の試験飛行を実施、確かに、速度計は215kt以上を指していることを認めた。

だが、速度計の狂いの疑いは捨てきれないため、後日、各務原飛行場に2㎞の計測コースをつくり、小林少佐が、ストップウオッチを使って実測したところ、高度20mという超低空ながら、18秒で通過、確実に400㎞/hを越えていることがわかった。

さらに、正規全備重量状態（1,380kg）にして、高度3,200mで計測したところ、最大速度は実に243kt（450㎞/h）に達したことが確認された。当時、欧、米各国の陸上単発戦闘機の試作機も、まだ410㎞/h以上のものは存在していなかったから、九試単戦のそれは快挙といってよい。

上昇力も、海軍が要求した数値をはるかに越

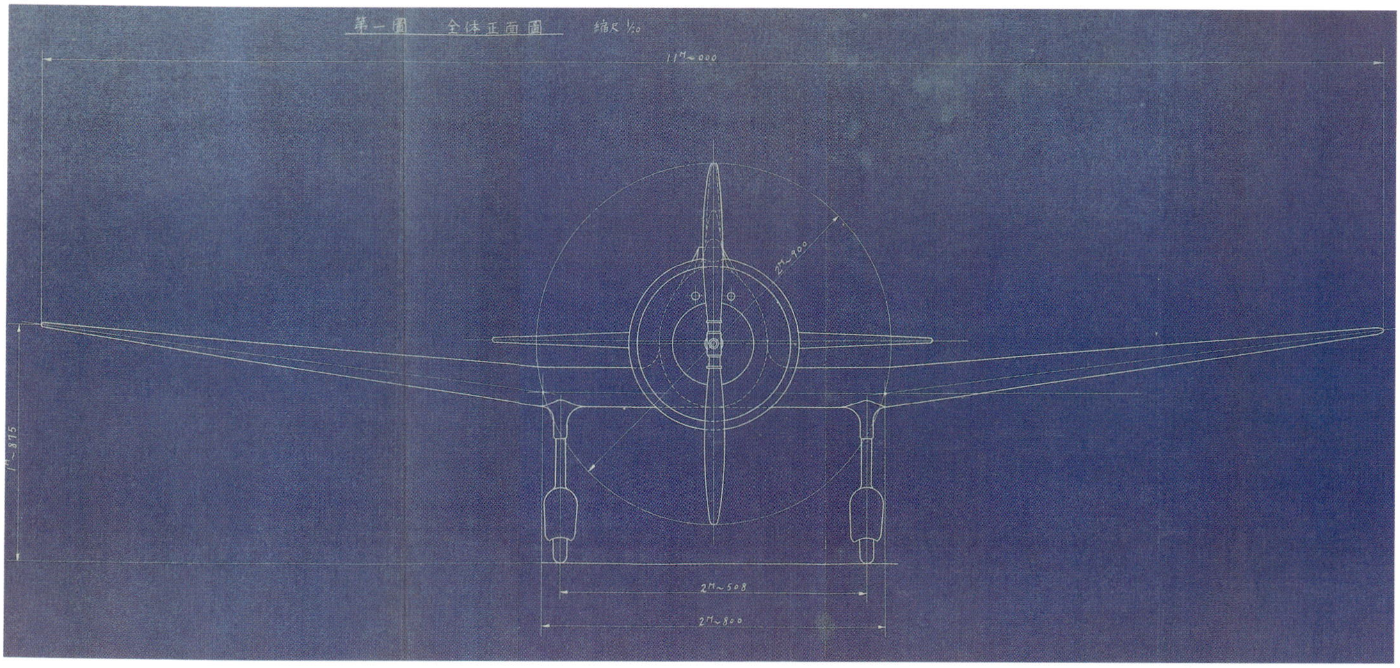

12

12.1号機の社内試験の結果をみて、最初から旧『寿』三型発動機を搭載して完成した、九試単戦試作2号機の正面図。幅900㎜の胴体（波線ライン）に対し、直径1,320㎜の旧『寿』三型発動機を包み込むカウリングとの段差がきわめて大きく、前ページ写真の『光』一型搭載3号機と同様、空力的なロスが大きくて不適であることがわかる。しばしば混同されるが、この旧『寿』三型は、のちの九六式艦戦各型が搭載した『寿』系各型とはまったく別系列の発動機で、アメリカのライト・サイクロンを模倣したものだ。本発動機を改良して、昭和11年1月に制式化されたのが『光』一型、および二型である。

12. A front-view diagram of the #2 prototype, which was built from the start with the older Kotobuki Model 3 engine based on test results from the first prototype.

える、高度5,000mまで5分54秒という素晴らしさで、堀越技師の設計コンセプトが、見事に的中したことを示していた。この時点で中島機との勝負はついた。

◎実用化までの苦難

設計者の予測すらも越え、海軍を狂喜させる高性能を示した九試単戦だったが、そのまますんなりと領収、制式採用とはならなかった。むしろ、堀越技師以下スタッフにとっては、設計作業当時よりも「茨の道」に思えたことだろう。

というのも、またぞろ、発動機に問題が発生したのだ。自社製のA4を見捨ててまで選んだ、中島製『寿』五型が、テストの途中から減速歯車にトラブルを生じて使用に耐えなくなったため、同系列のプロペラ直結式『寿』三型（715hp）に換装し、試作2号機も本発動機を搭載して完成した。

なお、1号機の「逆ガル翼」は、大迎え角姿勢時に、その屈折部に気流の乱れを生じ、操縦、安定性が悪くなることが判明したため、2号機では、中央翼は水平に、外翼にのみ上反角をつける通常スタイルに改められた。

しかし、『寿』三型は馬力が大きいのに比例して、サイズ、重量もかさみ、堀越技師は、カウリングの直径を少しでも小さくし、いわゆる「イボ付きタイプ」に変更するなど苦心したが、速度性能は変化なく、上昇力は少し低下した。

『寿』三型も、イマイチ信頼性に不安があったことから、ひきつづき発注された増加試作機4機（3～6号機）は、より大型の『光』一型（800hp）、さらには改良型の『寿』二型改一（630hp）、はては、自社で試作中のA-9（630hp）、A-8（730hp）まで対象を広げ、とっかえひっかえしてテストしたが、どれも決定版といえるほどの成績を残せなかった。

機体設計は、誰もが認める優秀なものなのに、発動機に恵まれず、実用テストどころか、今や発動機のテスト・ベッドの感を呈している九試単戦を目の前にして、堀越技師の心中は暗澹たるものになった。

そうこうしているうちに、昭和11（1936）年も明け、九試単戦は、なお搭載発動機が決まらないという状況にあったが、この頃、中国大陸では日・中両軍の対立が一触即発の危機をはらんできており、海軍にとっても九試単戦のモタつきを、これ以上容認できないところまできていた。

そこで、出力面に不満はあるものの、実用性に難が少ない中島『寿』二型改一（630hp）を、とりあえず急場の搭載発動機として量産に入り、将来、適当な発動機が実用化されたときは、それに換装するということになった。

昭和11年11月19日、九試単戦はようやく**九六式一号艦上戦闘機**の名称で制式兵器採用され、「産みの苦しみ」から解放されたのだが、発動機出力はほぼ同じだったものの、各種装備品を完備したことなどによって、同機の性能は九試単戦一号機よりかなり低下し、最大速度は219kt（408㎞/h）、高度5,000mまでの上昇時間は8分30秒になっていた。

それでも、当事の欧、米陸上戦闘機と比べても遜色はなく、艦上戦闘機という枠内でみれば、アメリカ海軍より早く、全金属製単葉化を成し遂げたことになり、大いに誇りとしてよいだろう。

九六式艦戦の画期的なところは、単に高性能というだけでなく、その機体設計が、以後の日本陸海軍軍用機設計のひとつの道標となった点にある。堀越技師が、戦後になって零戦のことについて聞かれたとき、必ずといってよいほど、自身にとっては、むしろ九六式艦戦のほうがエポック・メイキングな存在と語っているのも、そうしたことが背景になっている。

九試単戦の、新しい全金属製軍用機としての進歩した設計、画期的な高性能は、日本陸軍上層部にも大きな衝撃を与え、昭和10（1935）年8月、海軍の了承を得たうえで、内部艤装を陸軍式に改めた試験機を、キ18の試作番号で三菱に1機納入させた。

発動機も、九試単戦と同じ『寿』五型だったので、性能は同じ、明野飛行学校におけるテストの結果も成績優秀と評価されたが、結局、面子上の理由で採用は見送った。のちのいきさつ

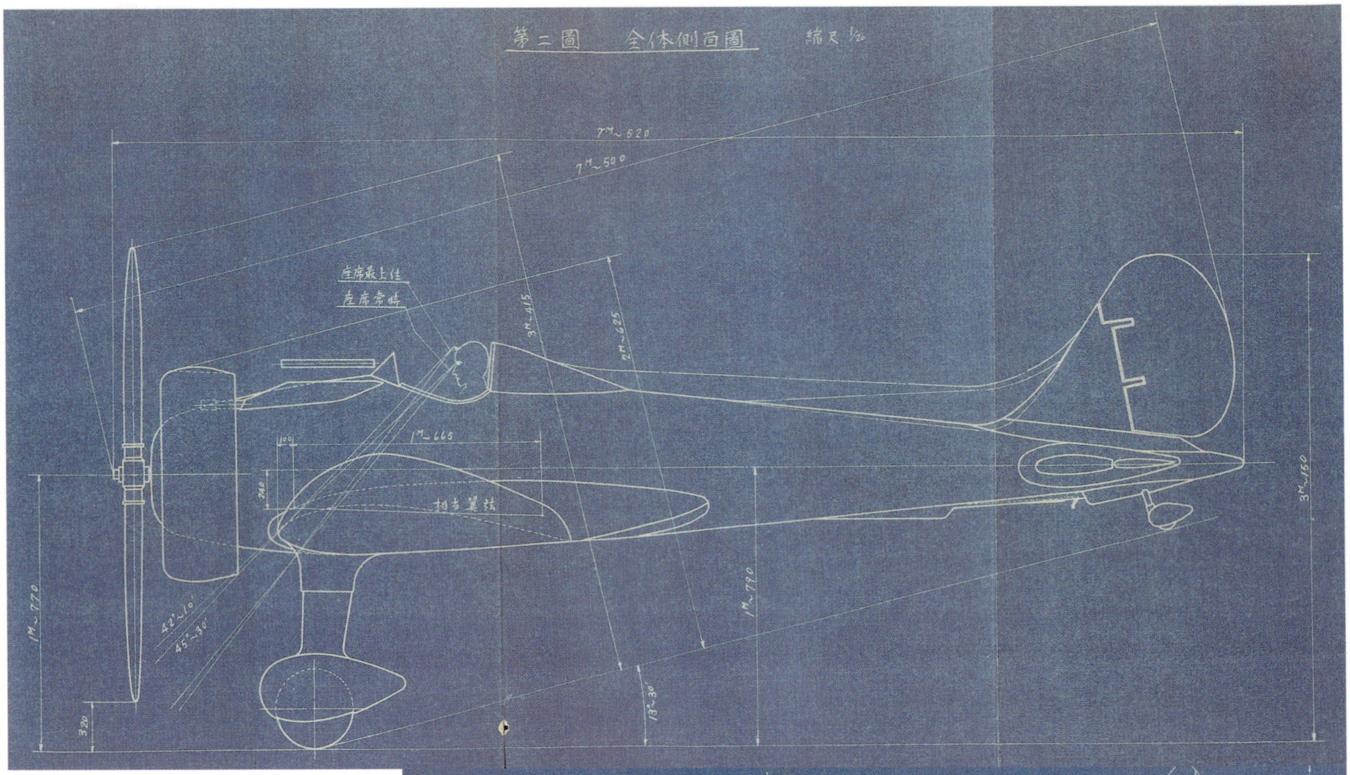

13

をみても、陸軍が海軍の“お下がり品”を受け入れるはずはなく、このキ18の入手目的は、もっとべつの所にあった。

それは、翌昭和11年度に実施予定の、次期新型戦闘機競争試作の前に、陸軍の戦闘機メーカーである川崎、中島に、キ18を開示し、その設計技法を学ばせることだった。

体面上、三菱にも、改めてキ33として試作機を発注はしたが、三菱ではキ18の扱いに不満をもち、発動機以外は九六式艦戦とほとんど同じ機体を製作、審査にもあまり協力的な態度をとらなかったことから、陸軍はこれを幸いとばかりに中島キ27に肩入れし、改良を繰り返して内容更新した同機が、思惑どおりに制式採用され、九七式戦闘機となったのである。

もちろん、中島設計陣の努力もあるが、基本的な設計コンセプトは、九試単戦のそれを踏襲したのは明らかで、成功するのも当然といえた。この一件をみても、本機の存在感の大きさがわかるであろう。

なお、九六式艦戦の制式採用後の各型変遷と、日中戦争における華々しい戦歴などについては、次回以降にゆずることにしたい。

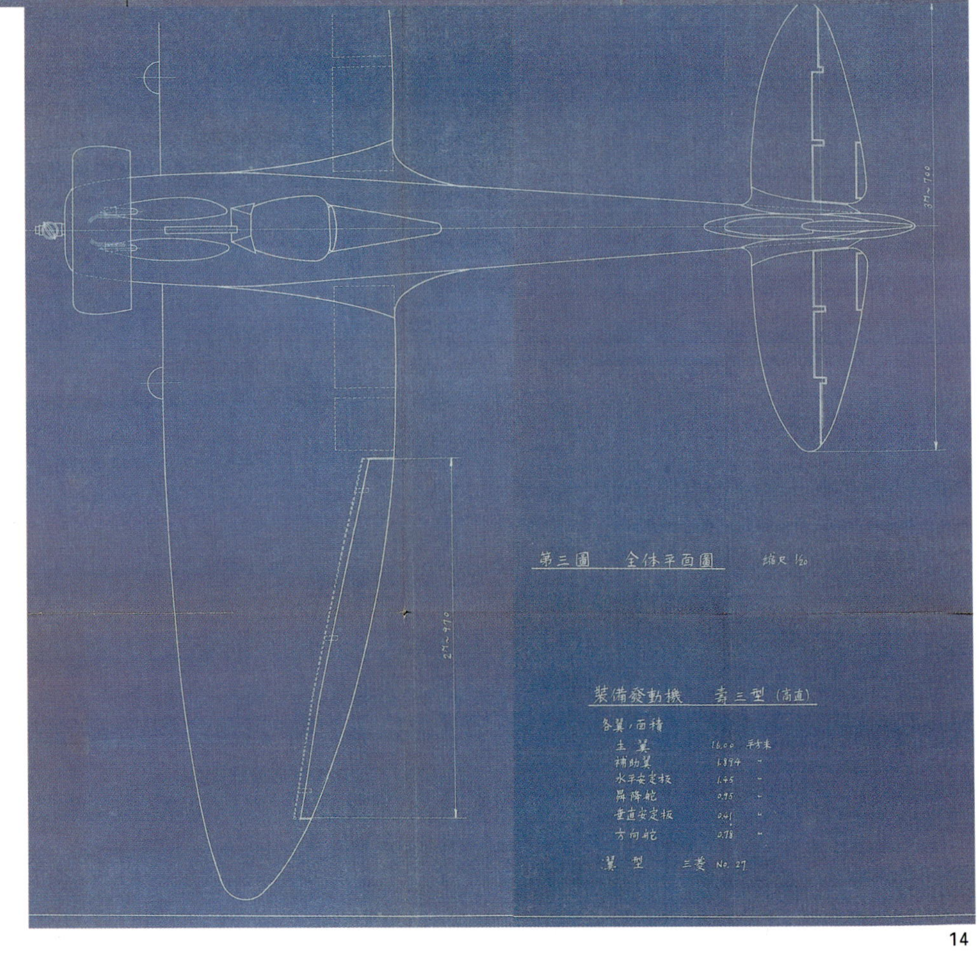

14

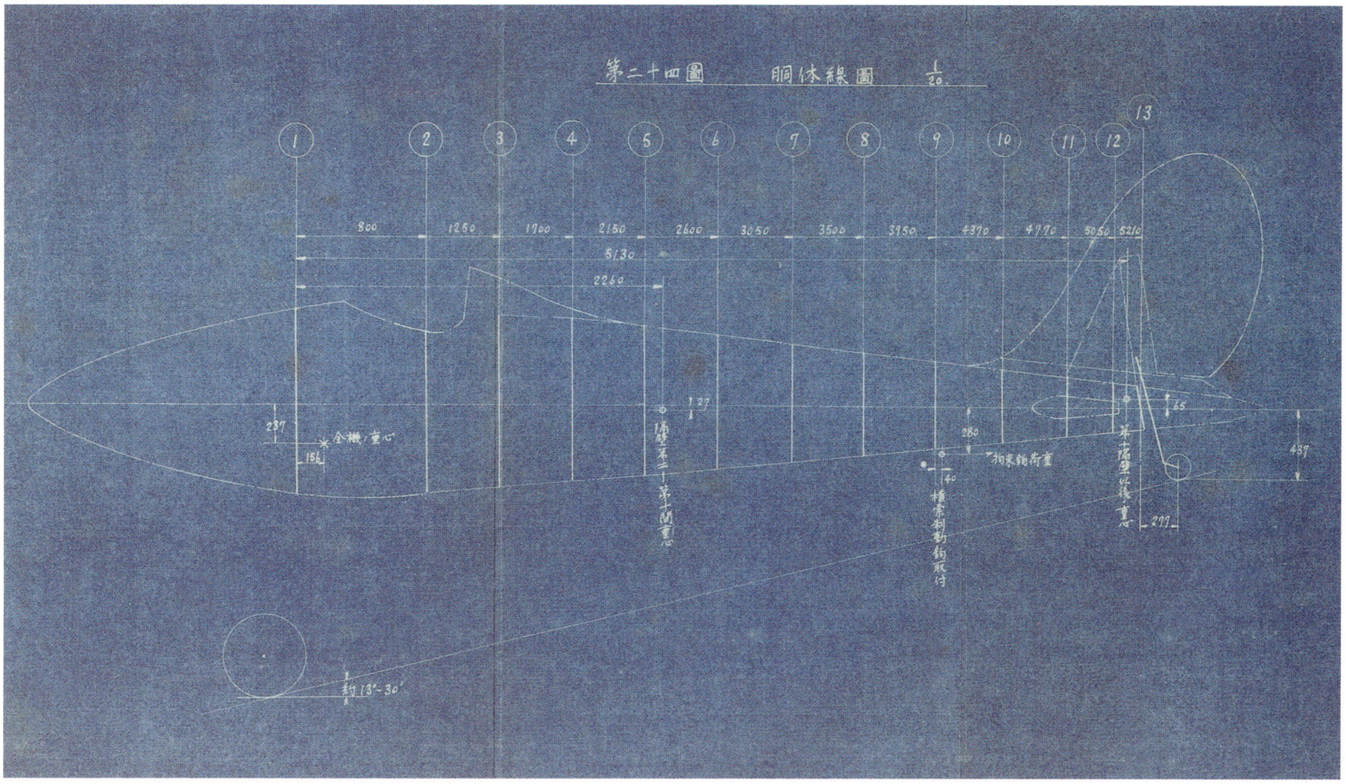

13.14.15.p.93〜95にかけて掲載した、九試単戦2号機の全体三面図、および、このページ上の胴体線図は、これまで、ほとんど発表されなかった図で、九六式艦戦二号二型以降に再設計される胴体の、そのオリジナル形状、寸度を知るうえで、きわめて貴重なものといえる。旧『寿』三型発動機を包む、大きなカウリング、七試艦戦に似た操縦席後方の頭部保護用突起、ヨーロッパ機風の垂直尾翼形状などが興味深い。胴体線図をよく見ると、断面形状はむろんのこと、①〜⑬番隔壁のそれぞれの位置、寸度も九六式艦戦二号一型以降とは根本的に違っている。注目すべき点は、九試単戦は艦上戦闘機としての制約に縛られずに設計されたことになっているが、全体三面図で明らかなように、既に試作2号機の段階で着艦フック装備状態となっている。

16.搭載発動機に恵まれず、1年以上にもわたって試行錯誤を繰り返した末、昭和11年11月にようやく制式兵器採用となった、九六式一号艦上戦闘機。前掲の九試単戦に比べ、機首まわり、操縦席、胴体後部、垂直尾翼などがかなり変化したことがわかる。

13-15. Three-view and fuselage diagrams of the 9-shi Single-seat Fighter prototype #2.

16. After a year of struggling with powerplant troubles during development, the Type 96 Model 1 Carrier Fighter was finally formally accepted in November of 1936.

16

あとがきにかえて

『日本航空史100選』発刊の主旨

現在、我が国の自衛隊が装備する航空機の多くが、アメリカ製、もしくはその国産化品で占められる現状からは想像もつかないが、太平洋戦争終結までの日本は、陸、海軍ともに、その主要機のほとんどは自前調達だった。しかも、それらの多くが、先進国と呼ばれた欧米の同級機に肩を並べるか、もしくは凌ぐほどの高水準だった。

しかし、太平洋戦争敗戦という、きびしい現実の前に、これら高水準の機体、あるいはそれを運用した組織、人間に関する第一次資料の大半は灰となって消えてしまった。

幸い、戦後から今日に至るまでに、熱心な研究家たちの努力により、主要な事項のほとんどが解明され、出版物を通して紹介された。

現在では、旧日本陸海軍機に対する概要は、すでに紹介され尽くした感もあって、新しい市販出版物の記述は、一般読者にとって極めて理解困難な「学術書」的傾向を強めており、気安く手にとって読む、という雰囲気からは、かけ離れつつあるように見受けられる。

むろん、事柄を深く追及するのは良いことですが、この分野に興味を持ちはじめたばかりの人たちが、機体なり、戦史なりの顛末をもっと平易に理解できるような書物があってもよいのではないかと考え、本書を企画した次第である。

そうはいっても、航空機そのものが決して「単純な工業製品」などではないから、平易に解説するとしても自ずから限界はあるので、それを補う手段として、鮮明度の高い写真、精緻な図版などを大きめに掲載し、ビジュアル面を重視するページ構成を心がけた。図版については、昨今流行のコンピューター・グラフィックスは原則的に使わず、見開き大判カラー・イラストをはじめ、シチュエーションの確立と描き手の気概が伝わる「手描き」にこだわった。

内容に関し、当初はともかく、刊行ペースが軌道に載れば、太平洋戦争期にこだわらず、戦前の複葉機時代、民間機などもテーマとして多く採り上げる予定でいる。

著者にとって、復習となるテーマでも単なるリピートではなく、可能な限り新事実、未発表写真、図版などを挿入し、新味を出すようにするつもりである。

多くの読者の共感を得られることを切に願いつつ、発刊の主旨としたい。

平成十六年七月吉日

野原 茂／押尾一彦

著者略歴

●野原 茂［のはら・しげる］
1948年栃木県生まれ。1978年以降フリーの航空機イラストレーター、ライターとして、各種航空雑誌、ホビー誌、単行本を発表の場として活動、現在に至る。本書『日本航空史100選』は、これまでの旧日本軍用機に関する仕事の総括と位置づけており、鋭意執筆に取り組む所存である。

●押尾一彦［おすお・かずひこ］
1953年静岡県生まれ。日本大学・農獣医学部（現・生物資源科学部）卒業後、食品工業に従事するかたわら、旧日本陸海軍航空史に関する調査、研究をつづけ、各種航空雑誌、ホビー誌、単行本などにその成果を発表しつつ現在に至る。『日本航空史100選』は、これまでの活動の集大成と心得ている。

＜資料協力者、団体御芳名＞（順不同・敬称略）
壹岐春記、岩崎嘉秋、鈴木麗子、小林千恵子、板倉雄二郎、潮書房、飯沼飛行士記念館、三菱重工業株式会社 名古屋航空宇宙システム製作所史料室／岡野允俊、防衛庁防衛研究所図書館